黄酒花雕工艺

潘丽莉　潘静怡

浙江工商大學出版社
ZHEJIANG GONGSHANG UNIVERSITY PRESS
·杭州·

图书在版编目（CIP）数据

黄酒花雕工艺 / 潘丽莉，潘静怡主编. — 杭州 ：
浙江工商大学出版社，2020.5(2021.9重印)
ISBN 978-7-5178-3767-1

Ⅰ. ①黄… Ⅱ. ①潘… ②潘… Ⅲ. ①黄酒－文化－
绍兴 Ⅳ. ①TS971.22

中国版本图书馆CIP数据核字(2020)第033633号

黄酒花雕工艺
HUANGJIU HUADIAO GONGYI
潘丽莉　潘静怡　主编

责任编辑　周敏燕　厉　勇
封面设计　雪　青
责任校对　张春琴
责任印制　包建辉
出版发行　浙江工商大学出版社
（杭州市教工路198号　邮政编码310012）
（E-mail:zjgsupress@163.com）
（网址:http://www.zjgsupress.com）
电话:0571-88904980,88831806(传真)
排　　版　杭州朝曦图文设计有限公司
印　　刷　广东虎彩云印刷有限公司绍兴分公司
开　　本　889mm×1194mm　1/16
印　　张　8
字　　数　207千
版 印 次　2020年5月第1版　2021年9月第2次印刷
书　　号　ISBN 978-7-5178-3767-1
定　　价　36.00元

前　言

绍兴是个酒乡，绍兴的寻常百姓家很早就有酿酒的习俗了，特别是生了女孩，必酿酒数坛，灌装贮藏。清代梁章钜在《浪迹续谈》中云："最佳者名女儿酒，相传富家养女，初弥月，即开酿数坛，直至此女出门，即以此酒陪嫁。则至近亦十许年，其坛率以彩绘，名曰'花雕'。"这大概就是花雕的来历。后来，经过一代又一代花雕技师的努力，花雕制作工艺越来越精湛，并逐步把酒文化、酒史、文学、书法、绘画、雕塑、美学、民俗学、包装、装潢等融于一体，成为人们婚庆、祝福、迎宾、祝寿、开业庆典、拜师学艺、乔迁等民间喜庆活动中的礼品、饮品以及收藏艺术品。

绍兴花雕的制作历来通过师徒口口相传的方式传承，受惠面不广，对这种非物质文化遗产的传承和保护很不便。编者曾经在绍兴黄酒集团的花雕设计室工作过数年，结合职业学校学生的特点，大胆做了一次尝试，希望这本教材能对黄酒花雕技艺的传承发挥一定的作用。

考虑到读图时代职业学校学生的特点，本书以图、文、题的形式编排，类似于连环画；所选素材也大多来源于绍兴，有些甚至就是学生的作品，本土化特色非常鲜明。

由于本人水平有限，书中难免存在不妥之处，敬请方家和读者指正。

编　者

2019年6月

目　录

第一章　绍兴酒的酿制 ……1

第一节　酿酒原料 ……1
第二节　酒药的制作 ……3
第三节　传统酿造过程 ……4
第四节　自动化酿造过程 ……9
第五节　绍兴酒的分类 ……12

第二章　酒文化 ……15

第一节　禹绝旨酒 ……15
第二节　王羲之曲水流觞 ……17
第三节　越王壶酒兴邦 ……15
第四节　勾践投醪劳师 ……18
第五节　知章金龟换酒 ……19
第六节　陆游诗酒传情 ……20
第七节　徐渭醉酒人生 ……21
第八节　秋瑾貂裘换酒 ……22
第九节　蔡元培每饭必酒 ……23
第十节　鲁迅把酒论世 ……24
第十一节　连战题词 ……25
第十二节　白宫国宴 ……26

第三章　花雕概述 ……27

第一节　美丽传说 ……27
第二节　百年花雕 ……28
第三节　历史演变 ……29
第四节　工艺特色 ……30
第五节　企业生产 ……31
第六节　文化传承 ……32

第四章　雕塑艺术 ……35

第一节　认识雕塑 ……35
第二节　雕塑的形态 ……36
第三节　雕塑的形体 ……37
第四节　雕塑的寓意 ……38
第五节　雕塑与环境 ……39
第六节　雕塑与心理诱导 ……40
第七节　雕塑欣赏 ……41
第八节　典型浮雕 ……44

第五章　图案构成 ……53

第一节　图案概述 ……53
第二节　图案的变化与统一 ……54
第三节　图案的对比与调和 ……55
第四节　图案的对称与平衡 ……56
第五节　图案的节奏与韵律 ……57
第六节　图案的重心与比例 ……58
第七节　图案的象征与寓意 ……59
第八节　图案的构成 ……60
第九节　图案的纹样 ……61
第十节　图案的表现方法 ……62
第十一节　传统的吉祥图案 ……63

第六章　色彩原理 ……66

第一节　色彩三要素 ……66
第二节　三原色与色彩混合 ……67
第三节　色彩与感情 ……68
第四节　色彩的联想与象征 ……69
第五节　色彩的配合 ……70
第六节　名作欣赏 ……71

第七章　彩泥堆塑 ……72

第一节　彩泥堆塑简介 ……72
第二节　彩泥的特性 ……73
第三节　彩泥的配色 ……74
第四节　堆塑的常用工具 ……75
第五节　堆塑的基本操作 ……77

第六节　简单作品的创作 ……79
第七节　初级作品的创作 ……80
第八节　中级作品的创作 ……81
第九节　高级作品的创作 ……82
第十节　创作彩泥作品 ……85

第八章　花雕设计 ……87

第一节　盖面设计 ……87
第二节　盖周设计 ……88
第三节　坛腰设计 ……89
第四节　坛面设计 ……91
第五节　设计作品欣赏 ……95

第九章　花雕制作 ……98

第一节　花雕制作工具 ……98
第二节　花雕制作材料 ……99
第三节　花雕制作过程 ……102
第四节　花雕创新 ……111
第五节　花雕作品 ……112

第一章

绍兴酒的酿制

第一节 酿酒原料

一、鉴湖水——酒之血

鉴湖原名镜湖。东汉永和五年(140),会稽太守马臻组织民众兴修了我国江南最古老的大型蓄水工程——鉴湖,纳会稽山北麓三十六源之水,溉田万顷。此后,晋凿运河,唐修海塘,明建三江闸,水利之兴,代有所成,使宁绍平原逐渐成为鱼米之乡。鉴湖湖面宽阔,水势浩渺,泛舟其中,近处碧波映照,远处青山重叠,有在镜中游之感。鉴湖水质特佳,绍兴酒即用此湖水酿造而成。

鉴 湖

想一想:什么是五水共治?

二、精白糯米——酒之肉

精白糯米是绍兴酒的主要原料,要求精白度高,当年生产,黏性大、颗粒饱满,杂质、杂米、碎米少,人们将之归纳为“精、新、糯、纯”四个字。

精白糯米酿制过程容易控制，而且产酒多，香气正，杂味少；贮藏后口味纯正，越陈越香，酒质醇厚甘润。

糯　米

默写：请写出两首主题是爱惜粮食的古诗。

三、麦曲——酒之骨

小麦是制作麦曲的原料，麦曲是酿造绍兴酒的辅料。麦曲质量的好坏对酒的质量具有极其重要的影响，故麦曲被形象地比喻为“酒之骨”。

应选用皮黄而薄、颗粒饱满、淀粉含量多、黏性适中、杂质少、无霉变的当年产优质黄皮小麦，这是绍兴酒酿造无可替代的制曲原料。它的主要功用不仅是液化和糖化，而且是形成酒的独特香味和风格的主体之一。

麦　曲

诗词欣赏

酒艺吟·制曲

绍兴市中等专业学校　傅建伟

轧麦成片三四爿，鉴水注湿二五成。
踏曲成块分两层，把握疏密按规程。
八月取菌天自赠，堆叠保温捂草岑。
曲花黄绿品上乘，开耙便易酒力增。

第二节　酒药的制作

酒药，也称小曲、白药、酒饼，是酿酒用的糖化发酵剂，兼有糖化和发酵的作用。传统制作酒药的原料主要有籼米粉、辣蓼草粉、陈酒药等，操作流程主要分上臼、打药、摆药、培养、出缸入匾、上蒸房、晒药入库等。

辣蓼草

辣蓼粉

伴上籼米粉，在石臼中舂

舂完后揉碎

加种粉，做成汤圆状

酒药成品

第三节　传统酿造过程

一、浸米

浸米的目的是使大米吸水，便于蒸煮糊化。传统工艺浸米时间长达18—20天，主要目的是取得浸米浆水，用来调节发酵醪液的酸度，因为浆水含有大量乳酸。用新工艺生产，浸米时间一般为2—3天。

浸　米

课外调查：1. 绍兴农村过年时经常会自酿米酒，调查一下它的制作过程。

2. 调查一下：一斤大米大约能生产多少斤黄酒？普通加饭酒的价格是多少？

二、蒸饭

蒸饭的目的是使淀粉糊化。目前一般使用卧式蒸饭机或立式蒸饭机蒸饭，常压蒸煮25分钟左右即可。蒸煮过程中，可喷洒85℃左右的热水并进行炒饭。要求米饭外硬内软、内无生心、疏松不糊、透而不烂、均匀一致。

蒸　饭

课外实践：自己动手做一次甜酒酿，并简述制作过程。

三、摊饭或淋饭

淋饭酒，蒸熟的米饭用冷水淋凉，然后拌入酒药粉末、搭窝、糖化，最后加水发酵成酒。这种酒口味较淡。这样酿成的淋饭酒，有的工厂是用来作为酒母的，即所谓的“淋饭酒母”。这是绍兴酒之传统制造方法之一。

摊饭酒，又称“大饭酒”，是指将蒸熟的米饭摊在竹篦上，使米饭在空气中冷却，然后再加入麦曲、酒母（淋饭酒母）、浸米浆水等，混合后直接进行发酵。现在的摊饭大多用鼓风机进行冷却，有的厂已实现蒸饭和冷却的连续化生产。

摊　饭

淋　饭

课外调研：绍兴有哪些不同品牌的黄酒？建议收集不同品牌的黄酒酒贴。

四、落缸与开耙

发酵期间的搅拌冷却俗称“开耙”，其作用是调节发酵醪的温度，补充新鲜空气，以利于酵母生长繁殖。它是整修酿酒工艺中较难控制的一项关键性技术，一般由经验丰富的老师傅把关。

开耙操作应具备一听二嗅三尝四摸的经验。一听，是指开耙师傅用耳朵仔细倾听发酵缸中的醪液发酵声，以分辨发酵的强弱；二嗅，是指通过嗅气味，以辨别酒香纯正与否；

三尝，用嘴巴尝一下发酵醪的真实味道，区分不同的味感，即酒精的辣味、糖化的甜味、发酵液的鲜味及酸味强弱等；四摸，经前面几个动作，基本掌握了发酵的真实情况，只要再用手一摸，便可把握操作要领。

落　缸

开　耙

讨论：什么是工匠精神？工匠精神要具备哪些关键要素？

五、灌坛与压榨

灌坛，将发酵缸中的酒醅分盛于酒坛中。灌坛操作时，先在每坛中加入淋饭酒母（俗称窝醅），搅拌均匀，堆置室外。最上层坛口除盖上荷叶外，加罩一小瓦盖，以防雨水进入坛内。后发酵使一部分残留的淀粉和糖分继续发酵，进一步提高酒精含量，并使酒成熟增香，风味变好。

压榨，又称过滤。经后发酵，酒醅已经成熟，此时的酒醅糟粕已完全下沉，上层酒液透明黄亮；口味清爽，酒味较浓；有新酒香气，无其他杂气。经化验，若糖酒酸理化指标达到质量标准要求时，则说明发酵已经完成。此时酒液和固体糟粕仍混在一起，要将固体和液体分离开来，就要进行压榨。压榨出来的酒液叫生酒，又称生清。生酒液尚含有悬浮物而出现混浊，还必须进行澄清，以减少成品酒中的沉淀物。

灌　坛

压　榨

研究性学习：黄酒酿造如操作不当，会出现酸酒现象，为什么？

六、煎酒与封坛

煎酒，又称灭菌。为了便于酒的贮存和保管，必须进行灭菌工作，俗称“煎酒”。这是黄酒生产的最后一道工序，如不严格掌握，会使成品酒变质，即可谓“前功尽弃”。“煎酒”这个名称是绍兴酒传统工艺沿袭下来的。我们的祖先根据实践经验，知道要把生酒变成熟酒才能不易变质的道理，因此采用了把生酒放在铁锅里煎熟的办法，称为“煎酒”，实际的作用主要是“灭菌”。为什么要灭菌，因为经过发酵的酒醅，其中的一些微生物还保持着生命力，包括有益和有害的菌类，还残存一部分有一定活力的酶，因此，必须进行灭菌。灭菌是采用加热的办法，将微生物杀死，将酶破坏，使酒中各种成分基本固定下来，以防止在贮存期间黄酒变质。加热的另一个目的是促进酒的老熟，并使部分可溶性蛋白凝固，经贮存而沉淀下来，使酒的色泽更为清亮透明。

煎　酒

封　坛

课外调研：找一位经常喝黄酒的“老绍兴”，请他谈谈“老酒越陈越香”的体会。

黄酒传统酿造过程手绘图

（绍兴市中等专业学校陈蔚南老师创作）

1. 过筛

2. 浸米

3. 蒸煮

4. 落缸

5. 压榨

6. 煎酒

第四节　自动化酿造过程

黄酒生产线主要由制曲车间、发酵车间、成品车间、生产保障车间(35KV变电站、生产用水预处理中心、污水处理站)等组成,采用模块化布局,在原料预处理、浸米、放浆、湿米输送、蒸饭、米饭(曲)输送、发酵、醪液输送、压榨、澄清、勾兑、煎酒、灌坛整个黄酒酿造过程中,实现了信息化、数字化、自动化生产控制。

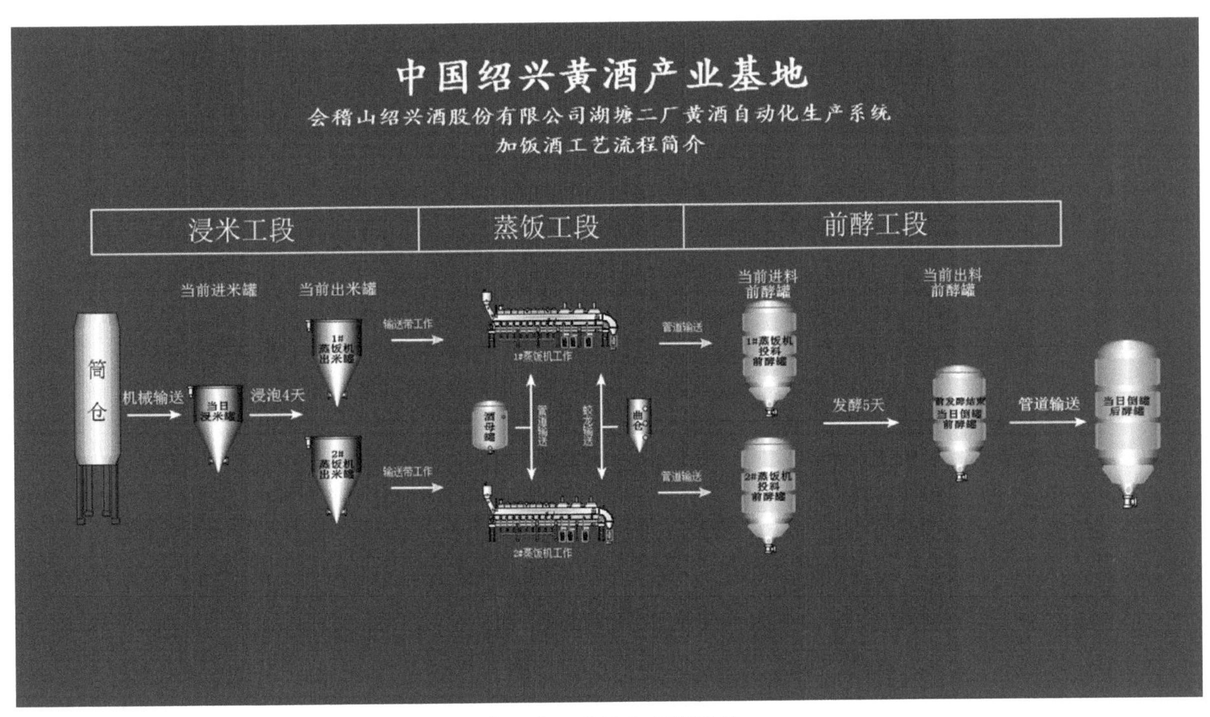

前三个工段的生产流程图

思考:用方框图表示前三个工段的生产流程。

自动化控制技术的成功应用,尤其是在发酵、压榨、煎酒、制曲等关键生产环节上,深度应用集“测、控、管、计量”于一体的自动化控制系统,极大地提升了黄酒工艺先进、品质优、耗能低的酿造水平。

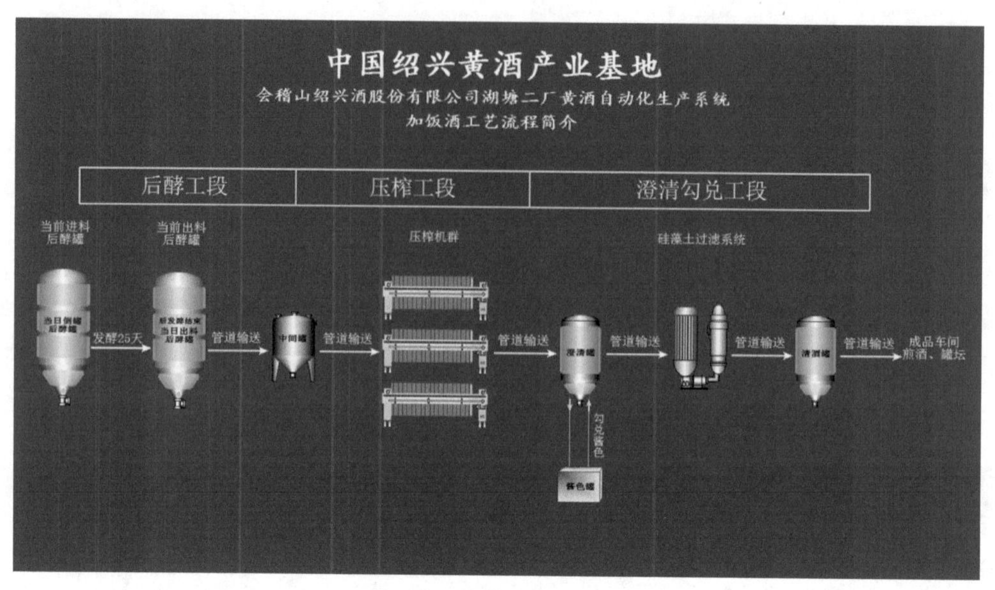

后三个工段的生产流程图

思考:用方框图表示后三个工段的生产流程。

蒸饭工段由浸米罐出料,经输送带送至蒸饭机落米斗,在蒸饭机内蒸饭后,于蒸饭机出料斗内加入曲料、酒母、投料水,经泵输送至前酵罐。

蒸酒母饭时,通过同样流程输送至酒母罐。湿米由浸米罐出料,经输送带送至蒸饭机落米斗,在蒸饭机内蒸饭后,于蒸饭机出料斗内加入曲料、酒母、投料水,经泵输送至前酵罐。

蒸饭工段详图

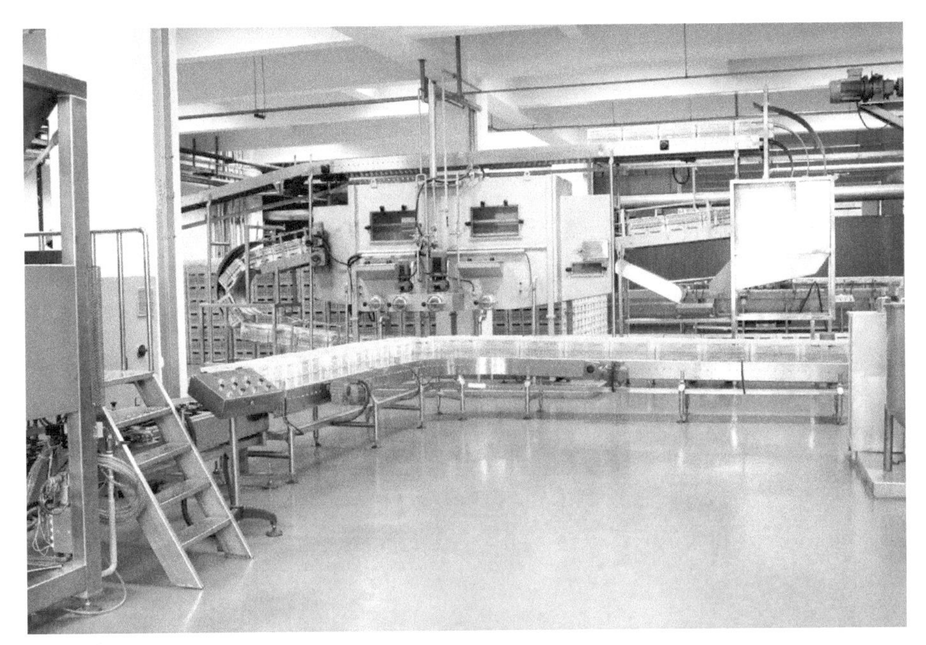

自动化生产线

第五节　绍兴酒的分类

一、加饭酒

加饭酒，也就是花雕酒，是绍兴黄酒中的最佳品种。顾名思义，加饭酒就是在原料配比中增加米饭量，减少水量，是半干型黄酒的典型代表，含糖量在15.1—40.0 g/L。加饭酒色泽橙黄清澈，香气芬芳浓郁，滋味鲜甜醇厚，具有越陈越香、久藏不坏的特点，深受饮用者的欢迎，企业的生产量也很大。

绍兴加饭酒

课外体验：课外查阅加饭酒的特点，双休日在家试着品尝，把加饭酒的特点记录下来。

二、元红酒

元红酒，又称状元红，因过去在坛壁外涂刷朱红色而得名，是绍兴黄酒的大宗产品，属于干型黄酒，含糖量在15.0 g/L以下。元红酒酒精浓度较低，酒味醇和，刺激性小，营养丰富，发酵完全。酒液呈橙黄色，透明发亮，具有独特的芬香，酒味甘爽微苦。

元红酒

课外体验:课外查阅元红酒的特点,双休日在家试着品尝,把元红酒的特点记录下来。

三、善酿酒

善酿酒是以存储1年至3年的元红酒代替水酿成的双套酒,酒体呈深黄色,香气馥郁,质地浓稠,口味甜美。善酿酒属于品质优良的母子酒,是半甜型黄酒的典型代表,含糖量在40.1—100.0 g/L。

绍兴善酿酒

1. 课外体验:课外查阅善酿酒的特点,双休日在家试着品尝,把善酿酒的特点记录下来。

2. 思考:除了"绍派黄酒",还有什么派别的黄酒。

四、香雪酒

香雪酒是采用45%的陈年糟烧代水用淋饭酿制而成的,也是一种双套酒。香雪酒酒体呈白色,像白雪一样,是甜型黄酒的典型代表,含糖量在100 g/L以上。香雪酒酒液呈淡黄色,清澈透亮,芳香幽雅,味醇浓甜,既具有白酒的浓香,又有黄酒的醇厚甘甜。

绍兴香雪酒

1. 课外体验:课外查阅香雪酒的特点,双休日在家试着品尝,把香雪酒的特点记录下来。

2. 课外调研:向几位爱喝绍兴酒的“老绍兴”调研,听听他们对上述四种黄酒口味的描述,并记录下来。

第二章

酒文化

第一节 禹绝旨酒

尧舜时代，洪水泛滥，人民深受其害。禹受命治水，“八年于外，三过家门而不入”，苦心劳身，历尽艰辛，终于治平洪水；继而大会诸侯于会稽（今绍兴），论功行赏。禹死后葬于会稽山，至今“大禹陵”古迹犹存。陵区内有一菲饮泉，泉水四季不涸，清凉甘洌，人们饮水思源，禹功大德盛；而他对酒的警语，几千年来仍然时时警示着人们。《战国策·魏策二》载：“昔者，帝女令仪狄作酒而美。进之禹，禹饮而甘之。遂疏仪狄，绝旨酒。曰：‘后世必有以酒亡其国者。’”

酒能兴邦，也能覆国；酒可以助兴，也会乱性，唯人用之。

绍兴大禹陵

思考：用关键词记录大禹陵的印象。

第二节　王羲之曲水流觞

东晋永和九年(353年)三月初三,晋代大书法家王羲之携亲朋谢安等四十二人,在绍兴兰亭参加饮酒赋诗的“曲水流觞”活动。他们席地而坐,将盛了酒的觞放在溪中,觞在谁的面前打转或停下,谁就即兴赋诗或饮酒。王羲之将大家的诗汇集起来,乘酒兴而书,写下了举世闻名的《兰亭集序》。《兰亭集序》被后人誉为“天下第一行书”。

这曲细流虽然不大,却是王羲之与友人谢安、孙绰等名流当年的聚会之处,他们行修禊之礼,曲水流觞,饮酒赋诗。后来王羲之将各人的诗文编成集子,并写了一篇序,这就是著名的《兰亭集序》。传说当时王羲之是趁着酒兴方酣之际,用蚕茧纸、鼠须笔疾书此序,通篇二十八行,三百二十四个字,凡字有复重者,皆变化不一,精美绝伦。

酒,文人雅士聚会之时,总需要它来助兴。

绍兴兰亭曲水流觞处

课外作业:背诵王羲之的《兰亭集序》。

第三节　越王壶酒兴邦

《勾践卧薪》雕像位于绍兴城南环城河边的名人广场。两千四百多年前，越王勾践被吴国打败后，在自己的屋里挂了一只苦胆，每顿饭都要尝尝苦味，提醒自己：不能忘了在吴国的苦难和耻辱经历！他身着粗布，顿顿粝食，跟百姓一起耕田播种。为了增加兵力与劳动力，他十分重视越酒的作用，把酒作为生育子女的奖品。《国语·越语》载："生丈夫（男孩），二壶酒、一犬；生女子，二壶酒、一豚。"经过十年修生养息，十年教训，国家终于强盛。勾践的卧薪尝胆形象，被绍兴后人称为"胆剑精神"，寓意为"卧薪尝胆，奋发图强，敢作敢为，创新创业"。雕塑极好地体现了这个寓意。

越酒，总是催人奋进。

《勾践卧薪》雕像

讨论：大禹认为"后世必有以酒亡其国者"，勾践则"壶酒兴邦"。与同学们一起讨论一下酒有利还是有弊。

第四节　勾践投醪劳师

《勾践投醪劳师》雕像位于绍兴柯桥柯岩风景区的鲁镇。故事为越王勾践伐吴启程之日，越国父老送了"黄酒"为越王饯行，预祝越王旗开得胜。勾践接了酒后，心想：要打败吴国一雪国耻，必须和兵士同甘共苦。为激励兵士，他把美酒倒进河里，然后命令兵士迎流而饮。士兵感激越王恩德，无不奋勇杀敌，终于打败了吴国。那条河被后人称为"投醪河"，至今还在绍兴城南静静地流淌着。

古时大军出征前，总是用酒壮行。

《勾践投醪劳师》雕像

课外探究：仔细分析"古越龙山"的黄酒商标，说说它与勾践兴师伐吴有什么联系。

第五节　知章金龟换酒

贺知章，唐代越州会稽人，晚年由京回乡，居会稽鉴湖，自号四明狂客，人称酒仙。贺知章与张旭、包融、张若虚，人称“吴中四士”，他们都是嗜酒如命的人。唐代孟棨《本事诗》记载：“李太白初至京师，舍于逆旅，贺监知章闻其名，首访之。既奇其姿，复请所为文。出《蜀道难》以示之，读未竟，称赏者数四，号为谪仙。”从此李白被称为“谪仙人”，人称诗仙。两人相见恨晚，遂成莫逆。贺知章即邀李白对酒共饮，但不巧，这一天贺知章没带酒钱，于是便毫不犹豫地解下佩戴的金龟（当时官员的佩饰物）换酒，与李白开怀畅饮，一醉方休。李白《重忆》：“欲向江东去，定将谁举杯？稽山无贺老，却棹酒船回。”说的就是这位酒仙。

绍兴贺秘监祠

课外作业：记录一首贺知章的诗《　　　　　　　　》。

第六节　陆游诗酒传情

南宋绍兴诗人陆游，与前妻唐琬伉俪情深，但由于其母横加干涉，终遭离异。数年后，两人在绍兴城南的沈园相遇，唐琬摆酒相待，陆游饮用之后，情不能已，便在墙上留下了世代传颂的《钗头凤》词："红酥手，黄滕酒，满城春色宫墙柳……"表达了极其痛苦、眷恋的心情。唐琬读词后感慨万千，也和词一首；最后终因抑郁成病，不久就离开了人世。

绍兴沈园内的陆游《钗头凤》词

课外作业：把陆游的《钗头凤》全文记录下来。

第七节　徐渭醉酒人生

徐渭是明代著名的文学艺术家。他一生科举失意，命运坎坷。袁宏道在《徐文长传》中说他“英雄失路，托足无门”。徐渭性好嗜酒，又诙谐放纵，他与酒的故事在绍兴民间流传不少。徐渭常常醉中作画，杯不离手，手不停笔，边喝边画，酒醉画成。“奇人奇才，人称‘狂生’。”翻阅《徐渭集》，可以看到他许许多多醉中所作的画诗，如《初春未雷而笋有穿篱者，醉中狂扫大幅》《大醉为道士抹画于卧龙山顶》等，这里的醉作醉抹，特别是“醉中狂扫大幅”可以想见当时乘着酒兴醉意作画的情状。在《十日赋·有序》中说：“予寄居马家，饮中烛蚀一寸而成十章。”他还喜欢醉中品画、赏画，他的许多题画诗往往是醉后命笔的。酒醉中的徐渭才思是何等敏捷而奔放！下图为绍兴名人广场的《徐渭》铜像。

《徐渭》铜像（绍兴名人广场）

课外活动：徐渭的故居在绍兴市前观巷，找机会去游览一次。里面有一副他的自题联，很有意思，你认为是哪副呢？把它记录下来。

第八节　秋瑾貂裘换酒

《秋瑾》铜像位于绍兴名人广场。秋瑾，号竞雄，笔名鉴湖女侠，被孙中山誉为“巾帼英雄”，是辛亥革命时期著名的革命活动家，杰出的女诗人。秋瑾对绍兴酒情有独钟。在短暂而又壮烈的一生中，她留下了许多酒诗和与酒结伴的佳话。她在《对酒》一文中说：“不惜千金买宝刀，貂裘换酒也堪豪。一腔热血勤珍重，洒去犹能化碧涛。”她用“貂裘换酒”的豪举，抒发自己的革命豪情。她不但以酒入诗，还常与革命友人聚会，举杯互勉，抒发豪情。就义前一句“秋风秋雨愁煞人”，激励过多少仁人志士。据说当时清朝的实际统治者慈禧太后也为之震惊。

《秋瑾》铜像(绍兴名人广场)

课外探究：绍兴有许多与秋瑾有关的名称，你知道有哪些吗？

第九节　蔡元培每饭必酒

被毛泽东称为“学界泰斗，人世楷模”的蔡元培先生，二十二岁时中举人，二十五岁时经殿试中进士，后担任民国首任教育总长、北京大学校长，是我国现代伟大的民主主义革命家、教育家、政治家。在蔡元培的一生中，对故乡绍兴的情结尤深，在他七十二年生涯中，有二十九年在绍兴度过；即使在外地，也乡思不断，乡情尤切。1934年，他在《越州名胜图》中赋诗：“故乡尽有好湖山，八载常萦魂梦间。”这种爱乡之情渗透到了他平素的生活习惯之中，“每饭必酒”就是其中之一。品酒思故乡，在蔡元培先生的生活中，散发着绍兴酒的清冽与芳香。

蔡元培名言：“与其守成法，毋宁尚自然；与其求划一，毋宁展个性。”下图为蔡元培先生雕像。

蔡元培先生雕像

课外探究：蔡元培的故居在绍兴市萧山街笔飞弄内，找机会参观一次。内有一副周恩来撰的对联，把它记下来。

第十节　鲁迅把酒论世

《鲁迅》坐像位于绍兴柯岩风景区。鲁迅喜欢抽烟，但他经常将酒写入他的诗歌、杂文、小说里，无论是《狂人日记》《阿Q正传》《在酒楼上》，还是《故乡》《祝福》，无不以酒写人写事。小说中多次写到咸亨酒店、茂源酒店等，这酒店和别处不同，都是当街一个曲尺形的大柜台，柜里面准备着热水，可以随时温酒。喝酒的人常常"靠柜外站着，热热的喝了休息"，"买一碟盐煮笋，或者茴香豆，做下酒物"。这正是绍兴最典型的里巷酒肆，鲁迅熟悉酒，熟悉酒店，才能描绘出如此生动逼真的酒乡风情图。

《鲁迅》坐像（绍兴柯桥岩风景风景区）

课外阅读：阅读鲁迅名作《魏晋风度及文章与药及酒之关系》全文。

第十一节　连战题词

连战曾经是中国国民党主席。有一次他来到黄酒的故乡——绍兴，参观了中国黄酒博物馆，观看了古越龙山舞蹈队的酒道表演，细细品味了古越龙山酒后，工作人员希望他留点墨宝，他便欣然提笔写下“古来圣贤皆寂寞，唯有饮者留其名”的诗句，以表达他长期从政，身不由己，从而渴望诗酒人生的内心愿望。

连战题词

讨论：“古来圣贤皆寂寞，唯有饮者留其名”，原是李白《将进酒》里面的句子。阅读《将进酒》全文，你认为李白真的认为“唯有饮者留其名”吗？为什么？哪一句诗才是李白真正要表达的意思。

第十二节　白宫国宴

北京时间2015年9月25日凌晨，当地时间24日上午，国家主席习近平结束了在美国西海岸华盛顿州的访问活动，后乘专机离开西雅图前往美国首都华盛顿，继续他对美国的国事访问。

按照行程，24日，习近平主席将在白宫同奥巴马总统、克里国务卿和奥巴马的国家安全顾问赖斯共进工作餐。

25日，奥巴马将在白宫举行欢迎仪式，欢迎习近平主席和夫人彭丽媛。中、美两国领导人将举行联合记者招待会。同一天，美国国务卿克里和副总统拜登将在美国国务院为习近平主席设午宴。之后，习近平主席将前往国会山会见国会领袖，并出席晚上在白宫举行的国宴。

人民日报官方微博发布消息，提前曝光的白宫国宴菜单中，有黑松露野生菌汤、科罗拉多烤羊肉配奶煎大蒜、绍兴黄酒等。

——摘自搜狐网

白宫国宴菜单

观察并思考：菜单中哪些英文表明用到绍兴黄酒？

第三章

花雕概述

第一节　美丽传说

传说早年绍兴有个张姓裁缝，其妇人有喜，裁缝望子心切，遂在院内埋下一坛黄酒，想等儿子出世后用作三朝招待亲朋。孰料妇人产下一女，裁缝很失望，这深埋院中的酒也被忘却了。后来其女长大成人，贤淑善良，嫁给张裁缝最喜欢的一个徒弟。成婚之日院内喜气洋洋，裁缝忽然想起十八年前深埋院中的老酒，连忙刨出，打开后酒香扑鼻，沁人心脾，“女儿红”由此得名。此风俗后来演化到生男孩时也酿酒，并在酒坛上涂以朱红，或雕出吉祥图案，着意彩绘，逐渐演变为现在的花雕酒！

女儿酒习俗

讨论：酒已经融入寻常百姓的日常生活，在我们身边一定出现过很多关于酒的故事，同学之间相互说一说。

第二节　百年花雕

花雕酒是从古代女酒、女儿酒习俗演变过来的。晋代稽含的《南方草木状》中记载："南人有女数岁，即大酿酒……女将嫁，乃发陂取酒以供宾客，谓之女酒，其味绝美。"早在宋代，酒乡绍兴家家都有酿酒的习俗，特别是生了女孩，必酿酒数坛，灌装贮藏。清代梁章钜在《浪迹续谈》中云："最佳者名女儿酒，相传富家养女，初弥月，即开酿数坛，直至此女出嫁，即以此酒陪嫁。则至近亦十许年，其坛率以彩绘，名曰'花雕'。"

绍兴花雕是古越先民实践经验和智慧的结晶，它融绍兴酒文化、酒史、文学、书法、绘画、雕塑、美学、民俗学、包装、装潢等学科于一体，经民间艺人精心彩绘包装而成，成为婚庆、祝福、迎宾、祝寿、开业庆典、拜师学艺、乔迁等民间喜庆活动中的礼品、饮品以及收藏艺术品。

黄酒博物馆外巨大的花雕酒瓶

辨析：在绍兴，有绍兴花雕、花雕酒、浮雕酒、花雕酒坛等名称，如何进行辨析？

第三节　历史演变

自晚清以来，花雕工艺制作随着女儿酒婚俗的演变，在绍兴城乡一带形成“画花酒坛”。这种花雕是请民间艺人用凡红、朱红、煤墨粉调成酱色，平画绘制一些立体感较强的花草图案，所以又称“画花老酒”“平面花雕”，在民国时期，曾风靡一时，如今已不通行了。20世纪40年代初，绍兴鹅行街的黄阿源借鉴庵堂、庙堂的油泥堆塑和彩绘装饰技巧，以自行配制的油泥做原料，在酒坛上进行手工堆塑雕刻，然后进行漆色描绘，产生了立体感强的高浮雕效果。随着工艺的发展和雕花师们的不断努力，花雕技术不断成熟，逐步形成了目前的这种风格。

画花酒坛

浮雕酒坛

体验：到商场或黄酒专卖店去看一看，观察各种风格的花雕酒坛。

第四节　工艺特色

绍兴花雕工艺主要由沥粉、油泥堆塑与彩绘三部分组成，它集雕、塑、绘、刻于一体，色彩鲜艳、立体感强，具有很强的民族性、艺术性和实用性。绍兴花雕的关键工艺是油泥堆塑，它在继承民间传统技法的基础上，运用陶瓷、石雕、木雕、剪纸等工艺的写意夸张手法，按不同表现对象采取深浮雕、浅浮雕、线刻等技法进行创作，注重神似，突出了堆塑浮雕中形神兼备的形象艺术效果。而沥粉彩绘，则借鉴我国古代壁画中的丹青重彩方法，根据花雕坛面的题材内容需要，设定彩绘色调，同时开创了用沥粉在花雕酒坛上题词、写诗、写祝贺对联等新形式，形成了沥粉书体的工艺特色。

下图为全国最大的一个花雕酒坛，高三米，直径两米，坛上的线条、图案都是花雕工艺师用沥粉漆艺技法，历时一个月手工精制而成。

中国最大的花雕酒坛（现藏于中国绍兴黄酒博物馆）

体验：课外到绍兴黄酒博物馆参观一次，亲自去感受一下这个硕大的花雕酒坛的风采。在酒坛的前方还有一张照片，同酒坛一样会让你感到震撼！

第五节　企业生产

中国绍兴黄酒集团有限公司成立于1994年，系绍兴市酿酒总公司与创业于1664年的沈永和酒厂强强联合组建而成，是国内最大的黄酒生产经营企业、中国酿酒工业协会黄酒分会理事长单位，规模和经济效益在全国黄酒企业中保持领先地位。公司拥有国内一流的黄酒生产工艺设备和省级黄酒技术中心，聚集一批国家级评酒大师。公司秉持“以智慧和勤奋酿造国酒，以仁爱和真诚回报社会”的经营理念，弘扬“传承文明，团结拼搏，酿造国粹，滋养人生”的企业精神，为发展黄酒行业、创建国际品牌付出了不懈的努力！

人才发展战略——拓展引入渠道，加大培养力度，营造成才环境，逐步建立与市场经济相适应的、与企业发展相匹配的人才发展战略，以保证企业各个发展时期各类人才的需求。

绍兴黄酒集团有限公司花雕酒厂车间一角

识岗：课外到黄酒集团的花雕厂参观一次，认识花雕技师岗位的工作特点。

第六节　文化传承

一、浙江省非物质文化遗产

绍兴花雕制作工艺纯属手工制作，历来靠民间艺人相互口授身教传承，花雕的绝技、绝艺为极少数被具有全面素养的民间艺人经长期的实践积累所掌握。这种艺人往往已是上了年纪、为数不多，是花雕传统工艺制作绝技、绝艺的主要传承人。根据调查，花雕企业人才紧缺。因此，花雕制作工艺绝技、绝艺以及原创设计人才需要尽快培养，以利后继有人，将花雕的绝技、绝艺发扬光大。为保护和传承这份宝贵的传统技艺，2007年6月，“绍兴花雕制作工艺”被列入浙江省第二批非物质文化遗产名录。

非物质文化遗产

思考：什么是非物质文化遗产？绍兴还有哪些项目被列入省级非物质文化遗产？请说出其中五个。

二、浙江省最具地域特色的民间手工艺

绍兴花雕制作工艺是历代花雕艺人智慧与汗水的结晶。它具有用料讲究，工序复杂、制作精良等特点。一坛花雕酒，从粉刷、打磨、上漆、粉本打样、沥粉、油泥制作、堆塑、上漆、彩绘到包装，前后共有十三道工序，五个关键工艺点。

其中油泥堆塑和上色彩绘是两道关键工艺。油泥堆塑是花雕艺人以自行配制的油泥为原料，在坛上进行手工堆塑雕刻造型，运用堆、贴、按、刻、划、雕、画、塑、抚、理等手法技艺，一幅“堆塑成形，刻画传神，抚理有韵”的立体浮雕作品呼之欲出。

绍兴花雕工艺经历代花雕艺人在长期生产实践中的总结与提炼，具有鲜明的地域文化特色。2010年，绍兴花雕被浙江省文化厅列为“省最具地域特色民间手工艺”。

省最具地域特色民间手工艺

课外查阅：花雕第一代传人叫任伯年，课外查阅一下他的生平状况。

三、学校教育

绍兴市中等专业学校设有黄酒酿造专业，花雕工艺是该专业的核心课程。该专业旨在传承黄酒酿造工艺、花雕工艺等非物质文化，培养黄酒专业人才。学校先后与古越龙山绍兴酒股份有限公司、会稽山绍兴酒股份有限公司、塔牌绍兴酒厂、女儿红酒厂等建立了合作办学关系，逐步形成了黄酒技能型人才培养的教学体系，建立了绍兴酿酒技艺的保护、传承和教育基地。

2013年5月，绍兴市中等专业学校黄酒酿造专业学生的工艺花雕作品，在浙江省职业教学成果展示中获得金奖，多家媒体前来采访报道。同年，该专业被教育部、文化部、国家民委确立为职业学校民族文化传承和创新示范专业。2014年7月，在由共青团中央、教育部、中国科协、全国学联、浙江省人民政府共同主办的"挑战杯——彩虹人生"全国首届职业学校创新创效创业大赛中，该校参赛作品《"酒意盎然"酒坛创意手绘阁创业计划书》脱颖而出，荣获全国一等奖。

绍兴市中等专业学校黄酒专业学生制作的工艺花雕

讨论：什么是工匠精神？列举几位绍兴历史上典型的工匠，讨论一下怎样才能成为一名能工巧匠。

四、文化园馆

绍兴是个历史悠久的文化名城，民风淳朴，礼教崇隆，学源绵远，文风鼎盛。绍兴黄酒以卓越精湛的酿酒工艺伴随着源远流长的历史，其幽雅馥郁的醇厚风味，彰显出丰富多彩的文化内涵。酒以城而遐迩闻名，城因酒而风望倍增，在绍兴城内，留有许多酒文化的遗迹。绍兴花雕即是这种酒文化的完美呈现。它是寓酒文化、民族文化、地方文化于一体的纯手工工艺美术品，既具有很强的观赏性，又有很大的收藏价值，确实需要好好地传承和保护。随着生活水平的提高，人们对工艺美术品的需求也会越来越大，只要掌握了这门绝艺，前途一片光明。

花雕馆

课外调查：调查五种不同品种的花雕价格，把它们记录下来。

第四章

雕塑艺术

第一节　认识雕塑

雕塑是运用可塑性、可雕性的物质材料，通过雕、刻、塑、铸、焊等手段制作的反映社会生活，表达审美理想的具有三维实体的造型艺术。雕塑的种类很多，按所用材料可分为石雕、木雕、泥塑、陶塑、金属雕塑等，按功用和置放地点又可分为城市雕塑、园林雕塑、纪念碑或纪念雕塑、室内雕塑、案头雕塑等。

城雕《启航》矗立于城西辕门桥头、十字路交通环岛中间，由杭州瓯越环境艺术有限公司设计制作。该城雕为绍兴市区西大门的经典之作，雕像为乌篷船造型，寓意听艄公号令，踏浪二十世纪。

建筑装饰要和大背景融为一体。绍兴是一个水乡，乌篷船是古越百姓的主要交通工具。此处位于护城河边，交通环岛中心，创意非常巧妙。欣赏时注意帆的张力、整个雕塑的气势以及三角布置的稳定性。

城雕《启航》

实景欣赏：有机会路过绍兴市区城西时，仔细观察《启航》雕塑，从各个角度欣赏雕塑的艺术特点。拍一组该雕塑的照片。

第二节　雕塑的形态

下图是名为《品》的雕塑，有兴趣的可以去实地考察一番。

雕塑《品》

实景欣赏：实地观察雕塑《品》，想一想为什么三个“口”设计的方向不同，雕塑上还有许多文字，这些文字给人什么样的感觉。

第三节 雕塑的形体

雕塑按形态可分为圆雕、浮雕和透雕(镂空雕)三种。圆雕,是不附着背景的完全立体的可从四面观赏的一种雕塑。浮雕,是在平面上雕出凸起的形象的一种雕塑。按照表面形象凸起的厚度,浮雕又分为高浮雕和浅浮雕。透雕,是在浮雕基础上镂空背景部分,有重视一面艺术效果的单面雕,也有两面都雕出完美艺术效果的双面雕。透雕多用于装饰园林、墙、室内隔挡等。

雕塑《品》位于中国最大的黄酒博物馆广场上,结合绍兴特色和酒文化特色,成“品”字形,花岗岩石雕,后景为“青铜六礼”锡青铜雕塑。该雕塑附近有酒坛垒成的“城墙”、重达二十七吨的“酒器皿”、国内最大的木榨等,设计得非常有特色。欣赏时,注意该雕塑与周围环境的配合与呼应、设计的创造性、三角形结构的稳定性等。

品酒、品位,酒品、人品,给人以无限的想象。

雕塑作为三维空间的实体,给予人的感受,首先来自它的形体。形体美是雕塑形式美的灵魂。雕塑的形体不仅要比例匀称、结构严谨,更要通过形体展示形象的动势、情绪与生命力。这便是具有感染力的动态语言,是具有强劲生命力和丰富精神内涵的形体。当从远处看一广场或街头雕塑时,首先进入眼帘的是它并不清晰的“影像”。“影像”就是作品形体起伏呈现的总体轮廓。它可能给人一种以或宏伟崇高,或宁静沉重,或升腾飞跃的美。这是形体“影像”传达出的作品内容信息之一。作为欣赏者要留意“影像”给予自己的是一种什么样的感受。

雕塑《鲁迅》位于绍兴名人广场。鲁迅,原名周树人,字豫山、豫亭,后改字为豫才。鲁迅是二十世纪中国最重要的作家、新文化运动的领导人、中国文化革命的主将、中国现代文学的一面旗帜。他时常穿一件朴素的中式长衫,头发像刷子一样直竖着,浓密的胡须形成了一个隶书的“一”字,被人民称为“民族魂”。至今在绍兴还有许多用鲁迅名字命名的街道、学校。

雕塑《鲁迅》

实景欣赏:实地观察雕塑《鲁迅》,注意雕塑的形体、人物性格的刻画,侧面像表达了鲁迅生活在怎样的时代背景。

第四节　雕塑的寓意

雕塑作品，不可能像绘画那样进行复杂的精细描绘和环境空间的表现，因而形象单纯，所以通常通过形体的象征性和寓意性来表达主题。西方雕塑，多借助于人体来象征某种思想，表达某种思想感情和审美观念；而中国多用装饰性较强的人物、动物形象，赋予象征性和寓意性，例如常见的龟、狮、龙、马等形象。

雕塑《胆剑精神》位于绍兴城南环城河边，源于勾践卧薪尝胆、立志复国的故事。这个故事被绍兴后人称为“胆剑精神”，寓意为“卧薪尝胆，奋发图强，敢作敢为，创新创业”。雕塑极好地体现了这个寓意：“胆”即“卧薪尝胆”，“剑”有“报仇复国”；两块石头既表示道路坎坷，配合城河，也有国家山河的寓意。雕塑把胆剑精神表达得淋漓尽致。

雕塑《胆剑精神》

实景欣赏：实地观察雕塑，注意材料的选择、大小比例关系、几何体的运用，以及厚重和灵动、粗犷与精细等。

第五节 雕塑与环境

雕塑作品大多是为某一特定环境制作的，置于室外就会与日影、天光、地景、建筑等发生关系，并受其制约。因此，雕塑作品与环境的协调至关重要，优秀的作品作用于环境，能使环境成为作品的组成部分，并共生出新的景观。园林雕塑应适应园林的优美恬静特点，给人以亲切感、轻松感，并富有装饰性。纪念雕塑庄严、肃穆，具有建筑性与宏伟性。现代建筑前的雕塑应具有现代风格，古建筑前的雕塑应与古建筑相适应。周围环境如山、河、草地、树、建筑物等，都是雕塑的有机组成部分。

作品《玩去》位于稽山公园。一位年轻妈妈带着两个活泼的孩子，似乎正要到公园去玩耍，孩子活泼好动的天性被刻画得惟妙惟肖。整组雕塑和公园里嬉笑玩闹的孩子，以及周周环境似乎已经融为一体。

雕塑《玩去》

应用：分析前几座雕塑和周围环境的关系，雕塑和环境的协调统一与中国古代天人合一的思想有何关系。

第六节　雕塑与心理诱导

雕塑的大小、形体、置放的位置与底座的高低等，均具有不同的心理诱导作用。例如，高底座和高大须仰视的作品使人产生崇高感，低底座可平视的作品令人感到亲切。罗丹创作《加莱义民》时，坚持不用高底座，将雕像平放于地面上，让加莱市民们感到英雄就在他们中间。前节作品《玩去》，把雕塑置于平地上，也是希望产生同样的艺术效果和心理感受。

雕塑《大禹治水》位于绍兴治水广场。大禹，亦称夏禹。远古时期，天地茫茫，宇宙洪荒，人民饱受海浸水淹之苦。大禹受命治水，离家十三年，“三过家门而不入”，终于治服水患。在绍兴有禹陵、禹庙等，还有隆重的祭禹活动。大禹已成为人们心目中的英雄，其吃苦耐劳的忘我精神被千古传颂，历代受人敬仰。

雕塑《大禹治水》

实景欣赏：实地到治水广场去欣赏一下大禹雕像，感受“仰望”时产生的敬仰之情。注意雕像下方还有两条巨龙浮雕，说说你的体会。

第七节 雕塑欣赏

兰亭集序(柯桥明珠广场)

《大象》(上虞舜耕公园)

《泉》(绍兴客运中心,2011年被拆除)

《SPT》(绍兴越秀外国语学院)

《陆游》(绍兴名人广场)

《重圆》(绍兴城市广场)

《鲁迅与他的伙伴》(鲁迅故里)

《运河纤夫》(运河公园)

《织梦》(柯桥柯笛广场)

《抢亲》(柯岩鲁镇)

第八节　典型浮雕

一、西施浣纱

人们用“沉鱼、落雁、闭月、羞花”来形容古代的四大美女，其中的“沉鱼”西施，据说真名叫“施夷光”，是浙江诸暨苎萝山人。苎萝有东、西两村，夷光居西村，故名西施。其父卖柴，母浣纱，西施亦常浣纱于溪，故又称浣纱女。西施天生丽质，禀赋绝伦，相传连皱眉抚胸的病态亦为邻女所仿，故有“东施效颦”的典故。

越王勾践三年(前494)，夫差在夫椒(今江苏省吴县西南)击败越国，越王勾践退守会稽山(今浙江省绍兴南)，受吴军围攻，被迫向吴国求和，勾践入吴为质。释归后，勾践针对“吴王淫而好色”的弱点，与范蠡设下“美人计”，“得诸暨罗山卖薪女西施、郑旦”，以迷惑吴王，图谋复国。

《西施浣纱》(绍兴西施山遗址公园)

实景欣赏：实地到西施山遗址公园欣赏西施浣纱浮雕，并谈谈你的体会。

二、西施习舞

越王勾践觅得西施后，他宠爱的一宫女认为：“真正的美人必须具备三个条件，一是美貌，二是善歌舞，三是体态。”西施只具备了第一个条件，还缺乏其他两个条件。于是，花了三年时间，教其歌舞和步履、礼仪等。现绍兴东北的西施山遗址公园就是当年西施习舞之所。

《西施习舞》（绍兴西施山遗址公园）

明朝徐谓《西施山书舍记》云：西施山去县东可五里，《越绝》若《吴越春秋》并称土城，后人始易以今名，然亦曰“土城山”。盖勾践作宫其间，以教西施、郑旦而用以献吴。又曰：“恐女朴鄙，故令近大道。”则当其时，此地固要津耶？更数千年，主者不可问矣。商伯子用值若干而有之。山高不过数仞，而丛灌疏篁，亦鲜澄可悦。上有台，台东有亭；西有书舍数础，舍后有池以荷。东外折，断水以菱。而亭之前则仍其旧，曰“脂粉塘”，无所改。出东南，西而山者，耸秀不可悉，悉名山也。绕其舍而亩者、水者，不可以目尽；以田以渔以桑者，尽亩与水无不然。余少时盖觞于此而乐之。兹伯子使余记，余虽以病阻其觞，然尚能忆之也，率如此。

欣赏与翻译：实地欣赏雕塑，并把徐渭的《西施山书舍记》翻译为现代文。

三、卧薪尝胆

越王勾践，其先禹之苗裔，而夏后帝少康[①]之庶子也。封于会稽，以奉守[②]禹之祀。文身断发[③]，披草莱[④]而邑[⑤]焉。后二十余世，至于允常。允常之时，与吴王阖庐战而相怨伐。允常卒，子勾践立，是为越王……

吴既赦越，越王勾践反国，乃苦身焦思，置胆于坐[⑥]，坐卧即仰胆，饮食亦尝胆也。曰：

"女忘会稽之耻邪?"身自耕作,夫人自织,食不加肉,衣不重采,折节下贤人,厚遇宾客,振[7]贫吊死,与百姓同其劳……

勾践不忍,欲许之。范蠡曰:"会稽之事,天以越赐吴,吴不取。今天以吴赐越,越其可逆天乎?且夫君王蚤朝晏罢[8],非为吴邪?谋之二十二年,一旦而弃之,可乎?且夫天与弗取,反受其咎。'伐柯者其则不远,君忘会稽之戹乎?"勾践曰:"吾欲听子言,吾不忍其使者。"范蠡乃鼓进兵,曰:"王已属政于执事,使者去,不[9]者且得罪。"吴使者泣而去。勾践怜之,乃使人谓吴王曰:"吾置王甬东,君百家[10]。"吴王谢曰:"吾老矣,不能事君王!"遂自杀。乃蔽其面,曰:"吾无面以见子胥也!"越王乃葬吴王而诛太宰嚭。

(节选自司马迁《史记·越王勾践世家》)

注释:

①少康:禹的四世孙,夏的第五个王。

②奉守:恭恭敬敬地管理。

③文身断发:古代吴越一带的风俗。

④披草莱:除去野草,开辟荒地。

⑤邑:修筑城邑。

⑥坐:通"座"。

⑦振:通"赈"。

⑧蚤朝晏罢:越王操劳国事,发愤图强。蚤,通"早"。

⑨不:通"否"。

⑩君百家:为百家之长。君,统治。

《卧薪尝胆》(绍兴城市广场)

欣赏与讨论:实景欣赏雕塑,讨论勾践完整的性格特征是怎么样的。

四、舜耕历山

舜年二十以孝闻。三十而帝尧问可用者，四岳[1]咸荐虞舜，曰可。于是尧乃以二女妻舜以观其内，使九男与处以观其外。舜居妫汭(guǐ ruì)[2]，内行弥[3]谨。尧二女不敢以贵骄事舜亲戚[4]，甚有妇道。尧九男皆益笃[5]。舜耕历山，历山之人皆让畔[6]；渔雷泽，雷泽上人皆让居；陶河滨，河滨器皆不苦窳(kǔ yǔ)[7]。一年而所居成聚[8]，二年成邑，三年成都。尧乃赐舜絺衣[9]，与琴，为筑仓廪，予牛羊。瞽叟尚欲杀之，使舜上涂廪[10]，瞽嫂从下纵火焚廪。舜乃以两笠自扞[11]而下，去，得不死。后瞽叟又使舜穿井，舜穿井为匿空[12]旁出。舜既入深，瞽叟与象共下土实[13]井，舜从匿空出，去。瞽叟、象喜，以舜为已死。象曰："本谋者象。"象与其父母分，于是曰："舜妻尧二女，与琴，象取之。牛羊仓廪予父母。"象乃止舜宫居，鼓其琴。舜往见之。象鄂[14]不怿[15]，曰："我思舜正郁陶[16]！"舜曰："然，尔其庶矣[17]！"舜复事瞽叟爱弟弥谨。于是尧乃试舜五典百官，皆治。

（选自司马迁《史记·五帝本纪》）

注释：

①四岳：即帝尧时分管四方的四个诸侯。
②妫汭：妫水弯曲之处。妫，水名，在今山西永济南，西流入黄河。
③弥：更加。
④以贵骄事舜亲戚：因为身份高贵而傲慢地对待舜的父母及兄弟。亲戚，父母及兄弟。
⑤尧九男皆益笃：尧派去督查舜的九个男子越发忠厚了。
⑥让畔：在田界处让对方多占有土地。畔，田界。
⑦苦窳：粗陋不坚固。
⑧聚：村落，人群聚居的地方。
⑨絺衣：细葛布衣。
⑩涂廪：用泥巴修补谷仓。
⑪扞：通"捍"，保。
⑫匿空：暗穴、隧道。
⑬实：堵塞。
⑭鄂：通"愕"，惊讶。
⑮不怿：不愉快。
⑯郁陶：忧思难解的样子。
⑰尔其庶矣：你可真算得上孝悌仁爱的好兄弟啊。

《舜耕历山》(绍兴上虞舜耕公园)

欣赏与翻译:实地欣赏雕塑并翻译上文,说说舜的性格特征。

五、立言立德

《左传》中有云:“太上有立德,其次有立功,其次有立言,虽久不废,世之谓不朽。”可见立言立德的重要性。下图为雕像《立言立德》,想想雕像作者有何用意。

《立言立德》(绍兴上虞中国孝德馆)

实地体验:找合适的机会到孝德馆实地体验一次,并谈谈感受。

六、孺子牛

中国孝德馆是目前全国唯一以孝文化为主题的大型展馆。该展馆内展示了虞舜孝感动天、曹娥投江救父等二十四孝故事。整个场馆分为上下两层，由一个序厅和五个主题展厅组成，通过孝德之源、孝道溯虞、孝行千秋、孝泽人伦、孝德兴邦和孝爱中华六个板块来展示孝德文化。从孝的由来，再从孝德文化大致经历了孝祀、孝仁、孝政、孝治和孝行等几个阶段，让观众进一步感知不同时期孝的代表人物以及孝的核心思想与表现形式。同时，观众还可以在展馆内感知丰富多彩的民族之孝和世代传承的民俗之孝，最后孝德文化展示由室内展厅延伸到室外，孝德含义也随之由孝亲敬老、善事父母升华为爱家乡、爱祖国。展厅中庭《舜帝·曹娥》大型浮雕和室外《家国天下》孝德文化主题浮雕，以雕刻古今孝德人物、事迹等感人画面，打造“孝爱家国天下”理念，弘扬和传承孝德文化。

《孺子牛》(绍兴柯岩风景区)

自 嘲

鲁 迅

运交华盖欲何求，未敢翻身已碰头。
破帽遮颜过闹市，漏船载酒泛中流。
横眉冷对千夫指，俯首甘为孺子牛。
躲进小楼成一统，管他冬夏与春秋。

这首诗鲁迅最早是写给柳亚子的。《鲁迅日记》1932年10月12日记有“午后为柳亚子书一条幅”，并录下本诗和跋语。条幅上的跋语：“达夫赏饭，闲人打油，偷得半联，凑成一律，以请亚子先生教正。”在条幅和日记上，诗中的“破帽”原是“旧帽”，“漏船”原是“破船”，鲁迅编入《集外集》时，做了最后修改。

鲁迅曾说：“我好像一只牛，吃的是草，挤出的是牛奶。”

实地体验：到柯岩风景区去实地体验一次，并谈谈《孺子牛》的浮雕特色。

七、陈老莲

明末画家陈洪绶，人称“陈老莲”，晚号老迟、悔迟，又号悔僧、云门僧，浙江诸暨枫桥人。陈洪绶幼年早慧，诗文书法俱佳，成年后到绍兴蕺山师从著名学者刘宗周，深受其人品学识影响，晚年学佛参禅，在绍兴、杭州等地鬻画为业。陈洪绶生性怪僻，愤世嫉俗，身历忧患，所交师友多为正义之士。

一次，陈老莲到杭州学李龙眠的七十二贤石刻画，他闭门十日，苦心临摹，然后把作品拿出来请群众提意见，大家看了，都称赞他画得很“似”，老莲只是微笑不语。又闭门画了十日，再请大家评议，这次大家都说“不似”，老莲非常高兴。有人问他为何“不似”反而高兴，他说上次是李龙眠的，这次是我的。这故事道出了美术创作的真谛，美术作品的真正生命力在于独创性，否则就是照相、印刷、影印。

《陈老莲》（绍兴柯岩风景区）

法国哲学家尼采说：“一个人永远只做弟子，对老师是一种极坏的回报。”

讨论：如何理解艺术作品的“似”与“不似”。

八、羊山石佛

羊山位于绍兴齐贤镇境内，是一处以奇石峭壁为特色的景区。史载，隋开皇年间（581—600）越国公杨素为防御越国豪强起事，集民工采羊山之石筑越州（今绍兴）；明清时期，羊山石被大量开采，用于建造钱塘江海塘。经过历代开采，羊山石城遗留下石景奇观。残山剩水、悬崖孤峰经千年沧桑，风貌依然。其中，海狮峰、青蛙峰、鸭嘴峰、龟峰等山峰展示着“摩崖照孤峰”“晨曦穿隙谷”“晚霞映回壁”等奇特景观。

《羊山石佛》(绍兴齐贤镇)

2000年,中央电视台拍摄电视连续剧《西游记》续集,此地就是第九集“祈雨凤仙郡”的取景地之一。景区的东部为石佛景区,其中的石佛峰石窟造像,为江南四大石佛之一。西部为石城景区,有摩崖石刻多处,其中“飞跃”二字传为南宋名将韩世忠所书。此外,还有大量石佛浮雕,这些浮雕形象生动。羊山石佛景区集山水风光、人文景观、宗教文化、名胜古迹于一体,文化底蕴深厚,景色独特。

实地体验:找合适的机会到羊山实地体验一次,体会石佛浮雕的艺术特色。

九、鉴水乌篷

绍兴有“三乌”:乌篷船、乌毡帽、乌干菜。其中要数乌篷船最有情趣,最能体现水乡的风貌了。“轻舟八尺,低篷三扇,占断苹洲烟雨……”八百年前在陆游的浅唱低吟中,乌篷船驶入了“但悲不见九州同”抑或“伤心桥下春波绿”的视野。

水乡风情是朵季节花,在不经意中悄然绽开。乘着乌篷船,看着潋滟的水波、八字桥上的青石板、古纤道……飘忽的思绪里钻出的也许就是《高山流水》。斜躺在乌篷船上,望着天的眼眸、水的波光,耳畔若能听到几声鸟鸣声,那便是再好不过的事了。偶尔搁桨,在船轻悠悠地颤动中,扯回了微漾的思绪。谁在弹筝,拨动着旅人的心弦,一汪心绪甘愿受着桨影的羁绊!倘是雨天,细雨蒙蒙,透过乌篷那苍穹下灰灰的矮房的轮廓线,是由古城泱泱的博大的历史文化底蕴洇染而成的!啊,鉴湖!

下图为《鉴水乌篷》浮雕。

《鉴水乌篷》(绍兴迎恩门外)

试一试:画一幅简图,要求表现出水乡风貌。

十、黄酒演义

《黄酒演义》浮雕位于绍兴黄酒博物馆的序厅,共有两幅,面积约一百平方米,记录了从原始社会到民国时期,上下五千年黄酒发展史上的五十个故事。

《黄酒演义》(绍兴黄酒博物馆)

"雪夜访戴"的故事:王徽之是王羲之第五子。有一日,夜里下大雪,他睡醒过来,命家人开门酌酒。他边喝酒,边望向远处,但见一片雪白,"四望皎白"。"因起彷徨",于是咏起左思《招隐》诗,忽然想到了当世名贤戴逵。戴逵即戴安道,《晋书》中说他"少博学,好谈论,善属文,能鼓琴,工书画,其余巧艺靡不毕综","后徙居会稽剡县"(今嵊州)。山阴与剡县相隔甚远,溯江而上,有一百多里。王徽之连夜乘小船而去,过了一天才到了戴逵家门前。但这时,他却突然停住了,不但不进门,反而折身转回。有人问他:"你辛辛苦苦远道来访,为什么到了门前,不进而返呢?"他坦然说道:"我本是乘酒兴而来的,现在酒兴尽了,没有兴致了,何必一定要见到戴逵呢?"这就是千秋传颂的"雪夜访戴"的故事。

体验:到黄酒博物馆,一边欣赏雕塑,一边领会黄酒故事,相互交流。

第五章

图案构成

第一节　图案概述

图案(如下图),即图形的设计方案,是实用和装饰相结合的一种美术形式。它是把生活中的自然形象,经过艺术加工,使其在造型、构成、色彩等方面满足实用或审美目的的一种设计图样或装饰纹样。

全家福图案

图案分类的方法很多。按所占空间分,有平面图案(如地毯、织锦、刺绣图案)、立体图案(如家具、陶瓷图案)。按工艺美术品的种类分,有青铜图案、陶瓷图案、漆器图案、印染图案、织锦图案、工业造型图案、家具图案、商标图案、书籍装帧图案等。按装饰手法分,有写实图案、变形图案、具象图案、抽象图案、视觉错觉图案等。按图案的结构分,有单独图案、角隅图案、适合图案、边饰图案、连续图案等。按装饰题材分,有植物图案、动物图案、人物图案、风景图案、器物图案、文字图案、自然现象图案、几何图案,以及由多种题材组合或复合而成的图案。

现场认知:观察教室里同学衣服上的图案,认知不同形式的图案。

第二节　图案的变化与统一

“变化”是一种对比关系。图案设计讲究变化，在造型上讲究形体的大小、方圆、高低、宽窄的变化；在色彩上讲究冷暖、明暗、深浅、浓淡、鲜灰的变化。如果以上这些对比因素处理得当，那么设计出的图案就会给人一种生动活泼之感；反之，过分变化容易使人产生杂乱无章之感。

“统一”是一种协调关系。图案设计讲究统一，在设计时应注意图案的造型、构成、色彩的内在联系，把各个变化的局部纳入整体的有机联系之中，使设计的图案有条不紊、协调统一。但不可过分“统一”，否则会产生呆板之感，没有生气，单调乏味。

鳞片的变化与统一

在图案设计中，要做到整体统一，局部有变化。为了达到整体统一的效果，在设计中使用的线形、色彩等可采用重复或渐变的手法。有规律的重复或渐变，能使图案产生既有节奏而又和谐统一的美感，使作品既调和而又富有生气。

课外活动：在校园里寻找一些图案，说说图案中表现出的变化与统一的关系。

第三节 图案的对比与调和

对比与调和是取得变化与统一的重要手段。对比是指在质或量方面的区别或有差异的各种形式要素的相对比较。在图案设计中,如构图的虚与实、聚与散、形体的大与小、方与圆、高与低、宽与窄,线条的粗与细、曲与直、长与短,色彩的明与暗、冷与暖、鲜与灰等对比因素在图案中的运用,都可以产生生动、活泼、丰富的效果,给人以强烈、新鲜、多样的感觉。

调和与对比相反,是由视觉上的近似要素构成的。如图案设计中的线、形、色以及质感等要素的相同或近似所产生的一致性,往往使图案具有和谐宁静之感。

风帆的对比与调和

图案设计中要做到既调和又有对比。在使用线条时,如以直线为主,可在局部使用曲线来达到既调和又有对比的效果;在使用色彩时,如以冷色为主,可少量使用暖色,来达到既调和又有对比的效果。

课外活动:仔细观察校园里的雕塑,说说他们对比与调和的关系。

第四节　图案的对称与平衡

对称以中轴线为基准,左右或上下同形同量,完全相等。它的特点是具有统一感,适合于产生静止的传统效果,有很好的安定感。不足之处是容易产生拘谨、呆板的感觉。

对称图案给人以重心稳定、安静、庄重、整齐的美感。

平衡,不是从物理学的角度说的,而是从视觉的角度说的,是视觉从形体的重量、大小、材质、色调、位置等的感知中所判断的平衡感觉,是一种力的平衡状态。

平衡是异形同量的组合,即分量相同,但形体的纹样和色彩不同。平衡的形式以不失重心为原则,它的特点是稳定中有变化。平衡形式构成的图案容易产生活泼、生动的感觉。

花篮的对称与平衡

相互交流:观察周边图案,同学间相互交流周边图案的对称与平衡。

第五节　图案的节奏与韵律

节奏是有规律的重复。在图案中,设计的基本形可使它反复出现,用连续的方法可以组织空间,由于基本形的反复出现而产生节奏感。

韵律是节奏的变化形式。它赋予节奏以强弱起伏、抑扬顿挫的变化。节奏具有机械美,韵律具有音乐的美感。

要表现图案的节奏与韵律,可以对图形的大小、强弱、虚实、疏密、明暗,或方向、位置等进行有规律的组合,以构成富有节奏与韵律的图案。

节奏与韵律是一对比较抽象的形式法则,运用在图案创作中表现为造型元素或色彩元素有规律的重复或变化,形成音乐般的节奏感或韵律感。图案强调单纯与秩序,而不断交替的重复形成了轻松、活泼、简单的节奏和韵律,这符合图案的形式感。

龙的节奏和韵律

试一试:画一个简单的图案,注意要表现出节奏和韵律。

第六节 图案的重心与比例

在设计立体图案时，把握重心关系十分重要。物体造型是否稳定，取决于重心位置是否恰当。物体造型的重心位置不同，给人感觉也不同。重心偏上或左右偏移的物体，给人一种不安定之感。但巧妙地运用上虚下实，或加宽底部等方法，则图案就会显得活泼、新颖动人。

比例是指物体与物体之间、整体与局部之间的长、宽、高的关系。任何一种艺术品的造型和构图，都应有一定的比例关系。在图案设计中，无论是立体图案还是平面图案，合理的比例都是以人体的尺度作为标准的，以满足人们的生理和心理及审美的需求。

常用的理想比例，如古希腊毕达哥拉斯学派发明的黄金律(1:1.618)，德国标准比例(1:1.41)，中国传统图案比例一般为1:2，2:3，5:8，8:13等。

在图案设计中，重心与比例十分重要。设计时必须以人为中心，设计出最合理的比例尺度，既能满足人们的使用功能，又能满足人们的视觉心理及审美要求。

人物的重心与比例

测量与计算：测量一下周边书本、画作、报纸的长和宽，计算一下比例。

第七节　图案的象征与寓意

寓意是借物托意、以具体实在的形象比喻某种抽象的情感意念。设计者把美好的理想和愿望,寓意于一定的形象之中,用来表达对某种事物的赞美与祝愿。民间图案中以蝙蝠、桃子表示“福寿双全”,用两只喜鹊表示“双喜临门”等,就是采用寓意的手法。

象征是用具体事物表示某种抽象概念,或用以象征某种特别意义的具体事物。它以某种形象为对象,取其相似相近加以类比,来表达特定的意义。象征在中国传统图案和现代标志图案中应用广泛,如长城表示中国,鸽子和橄榄叶的组合象征和平等。

有时也用拟人法,把动物、植物的形象与人的性格特征联系起来,表现出人的表情、动态和感情。如童话、寓言、动画片中常采用拟人法,非常适合儿童的心理,具有丰富的想象力和幽默感,深受人们喜爱。

双喜临门

讨论:图案中还有哪些事物经常表示吉祥如意的寓意?

第八节　图案的构成

构思：整体布局，结构完整，层次清楚，主次分明。

主题：主题突出，主要形象要安排在重点的位置上。

布局：布局要严谨、合理，使画面形成总的气势，气韵生动。

骨骼：骨骼是图案组织的重要格式，决定着图案的基本布局，如传统图案的"十"字覆盖，"井"字格、"半"字格等骨骼方法。

空间层次：可通过形体的大小，线条的粗细、疏密，色彩的明暗、冷暖来体现图案的空间层次关系。

虚实关系："实"给人以充实、丰富之感，"虚"给人以朦胧、含蓄之感。巧妙地处理虚实关系，对构图起着非常重要的作用。

完整性：图案的构图讲究完整性，结构严谨而有规律。

图案的构成

讨论分享：分析上图，讨论分享图案的构思、主题、布局等。

第九节 图案的纹样

单独纹样:单独纹样是一个独立的个体,具有完整性,也是构成适合纹样、连续纹样的最基本的单位。

适合纹样:适合纹样受一定的外形限制,其纹样必须安置在特定的外形中。即使去掉外形,纹样仍保持外形轮廓的特点,如圆形、方形、三角形、椭圆形、菱形等。也有用自然形体做外形轮廓的,如葫芦形、花形、叶形、桃形、扇形等。

角隅纹样:角隅纹样是指装饰在形体转角部位的纹样,又称角花。

边缘纹样:边缘纹样是装饰于形体周边的一种纹样。

连续纹样:连续纹样是用一个或几个基本单位纹样向上下或左右无限重复扩展的纹样,其特点是具有延续性。

图案的纹样

现场认知:观察周边图案,并说说分别属于什么纹样。

第十节　图案的表现方法

点:在视觉形象中,点给人的感觉是细小的形象。最理想的形状是圆形,它可分为规则和不规则两类。规则的点给人以统一的美感,不规则的点给人以丰富变化之美感。点的移动可以产生线的感觉,点的集聚可以产生面的感觉。在图案设计中,点的大小、虚实、疏密可以表现形象的明暗层、主从关系等。

线:在视觉形象中,线给人的形象是细长的。水平线给人平稳之感,垂直线给人耸立之感,斜线给人以上升或下降之感。曲线有弧线、波线、S线、自由曲线等。曲线都有动感。弧线给人以张力,波线给人以自然、亲切、丰富变化之感。

面:在视觉形象中,凡不认为是点和线的形象,称为面。点若扩大就成面,线若加宽增大也成面。面的轮廓线决定面的形状。在图案设计中,通过面可以表现物象的外形特征。

图形的点、线、面

现场认知:观察周边图案,分析它们的点、线、面。

第十一节　传统的吉祥图案

中国的吉祥图案大致有“吉祥”“福”“长寿”“喜庆”等类型，通常用谐音、谐意、象形、组合来表达吉祥的寓意，其中以谐音最为普遍。例如：设计出蝙蝠，就是利用“蝠”与“福”同音；设计出喜鹊，代表喜，两只喜鹊自然是双喜临门了；等等。福禄寿喜，是中国人、特别是江浙一带老百姓所崇尚的理想生活。福——福如东海，禄——官运亨通，寿——寿比南山，喜——喜气洋洋。设计时往往把汉字图形化，将其巧妙穿插于多种图案中，增添吉祥含义。另外，还有“龙凤呈祥”，借龙凤祥瑞之气，寓意夫妻和睦、婚姻美满；“螭虎闹灵芝”，利用螭虎口衔“仙草”灵芝，寓意瑞兽献灵、保健安康等。

传统吉祥图案——福

欣赏：仔细欣赏上图及后面几张图，根据前面学习的构图知识，说说它们的构图技巧。特别注意图中的动物、瓜果、稻米等，各有什么寓意。

石寿五福

万寿五福：图案集万寿团字、五福捧寿等多种吉祥纹样组成，象征万年长寿、五福康泰之意。

五子夺莲（桑田剪纸）

五子夺莲：寓意多子多福，连连得子。

福寿三多

福寿三多：佛手、桃、石榴纹样组合在一起合称三多，象征多福、多寿、多子。

福寿双全

福寿双全:蝙蝠、寿桃,象征福寿双全。

鸳鸯贵子

鸳鸯贵子:象征新婚夫妻恩恩爱爱,连生贵子。

龙凤呈祥

龙凤呈祥:寓意高贵、华丽、祥瑞、喜庆。

第六章

CHAPETER 6

色彩原理

第一节 色彩三要素

我们的眼睛能够感受到大自然缤纷的色彩。光照射在各种物体上,通过各种物体的吸收与反射呈现出各种色彩。可以说,色是光刺激眼睛所产生的视感觉。

色相:是指每一种色彩本身呈现出来的面貌、特征。如红、橙、黄、绿、青、蓝、紫,它们是视觉接受到不同波长的可见光后产生的色彩感觉。

明度:是指色彩的明暗程度。如红、橙、黄、绿、青、蓝、紫中,黄色最明亮,绿色其次,紫色最暗。图案中的色彩明暗变化产生层次感和空间感。

纯度:又称饱和度。纯度是区别色彩的纯净程度,也可指某色相中色素的含量多少,如黄色中柠檬黄比土黄纯。

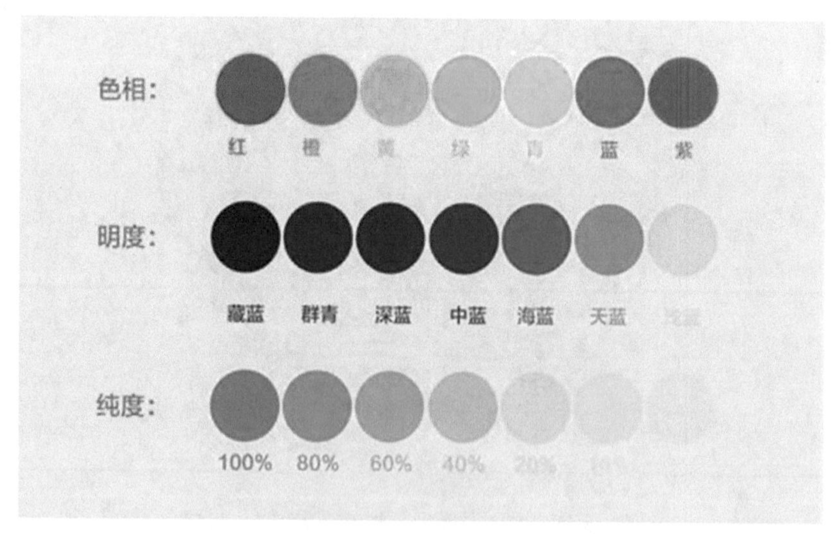

色彩三要素

黑色、白色、灰色属无色彩系统范畴,只有明度变化。

观察与分析:观察身边的各种颜色,分析它们的色相、明度与纯度。

第二节　三原色与色彩混合

光的三原色：红、绿、蓝，将三种色光做适当比例的混合，大体上可以得到全部颜色。这三种色混合是其他色光下所不能得到的，所以将其称为色光的三原色。

颜料的三原色：在色光三原色中，红和绿混合可以得出黄色，但对颜料说来，红与绿混合则成为黑浊色。专业配色中是品红、湖蓝、柠檬黄作为基础色。在图案设计中，只能应用颜料色的三原色。

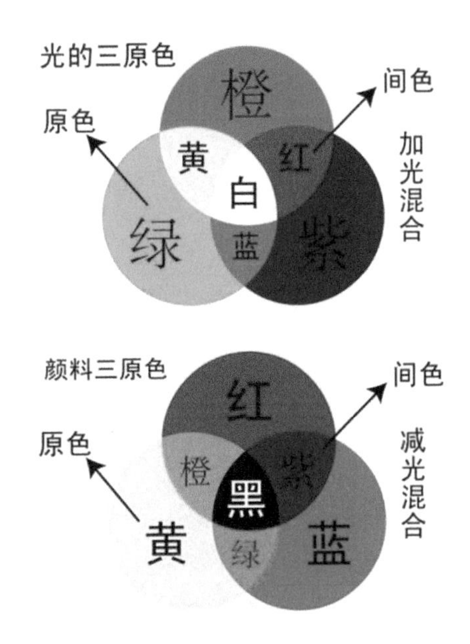

光的三原色与颜料三原色

色彩的混合：三原色中的两个原色相互混合成的色称为间色，也称三间色。如：红＋黄＝橙、黄＋蓝＝绿、蓝＋红＝紫，也称三间色。

间色相混合称为复色，如紫＋绿、绿＋橙、橙＋紫。

实操：试一试用颜料三原色调制出不同的色彩。

第三节　色彩与感情

兴奋色与沉静色：红、橙、黄的纯色给人以兴奋感，故称兴奋色。蓝绿、蓝的纯色给人以沉静感，故称沉静色。

暖色和冷色：看到红、橙、黄就能想到火的热度，使人产生温暖感，所以叫暖色；而使人想到冷水的蓝和蓝绿，给人以寒冷感，所以叫冷色。

轻色和重色：颜色时常有轻重感，轻重感主要取决于明度。明色感觉轻，暗色感觉重。明度相同时，纯度高的比纯度低的感觉轻。

华丽色和朴素色：使人感到辉煌的是华丽色，使人感到雅致的是朴素色。一般彩度高的华丽，彩度低的朴素；明色华丽，暗色朴素。

活泼的色和忧郁的色：以红、橙、黄这些暖色为中心的纯色和明色，给人以活泼感。看到蓝和蓝绿这些冷色的暗浊色时，给人忧郁感。

色彩与感情

交流：1. 说说各人家里装修的主色调，这些色调带有什么样的感情。

2. 你最喜欢什么颜色？为什么？

第四节　色彩的联想与象征

色的具体联想。红色：太阳、红旗、血、口红等；黄色：香蕉、向日葵、菜花、柠檬等；蓝色：天空、大海、湖水等；橙色：橘子、柿子、橙子等；绿色：树叶、草等；紫色：葡萄、茄子、紫藤等；白色：雪、白兔、白砂糖、白纸等；黑色：夜晚、头发、煤、墨汁等。

色的抽象联想。红色：热情、危险、革命；黄色：明快、希望、光明等；蓝色：无限、理智、平静、冷淡等；橙色：焦躁、甘美、华美、温情等；绿色：新鲜、和平、理想、希望等；紫色：优雅、高贵、优美、古朴等；白色：神圣、纯洁、神秘、洁白等；黑色：死亡、悲哀、严肃、坚实、刚健等。

色的象征。红色：象征革命、喜庆、健康、危险；黄色：象征光明、权力；蓝色：象征悠久、冷淡、理智、寒冷；绿色：象征和平与安全；白色：象征纯洁、神圣。

色彩的联想

讨论交流：相互交流日常生活中的图案颜色，说说这些颜色的设计目的。

第五节　色彩的配合

同种色的配合：在一种色相中加入白色或黑色，使其形成几种不同的明度。色相不变，明度和纯度发生变化。

类似色的配合：指色环上90°以内的几种邻近色的互相配合，如黄、黄绿、绿或红紫、紫、青紫及它们之间相互混合产生的新的色相的互相配合。

同类色的配合：指含有一定性质相同色素，如淡黄、中黄、土黄、橘黄或淡绿、粉绿、草绿、翠绿等的配合，这样的配合容易产生不同的色彩情调。

对比色配合：是指色相差别较大，对比鲜明的色彩组合。

A. 补色对比：色环上相对成直径180°的色彩相互配合，如红与绿等。

B. 色相对比：色环上相距120°的色彩相互配合，如红、黄、蓝、橙等。

C. 明暗对比：指无色彩系统的白黑对比。

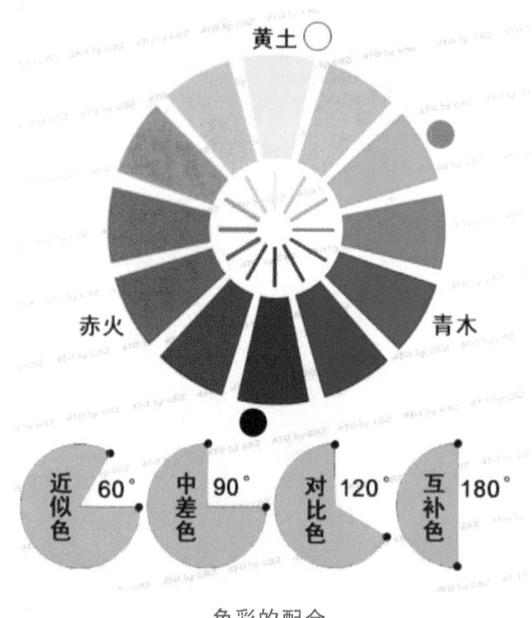

色彩的配合

实操：在调色盘中尝试色彩的配合，仔细观察配合后的色彩变化。

第六节　名作欣赏

《星月夜》,凡·高代表作之一,展现了一个高度夸张变形与充满强烈震撼力的星空景象。那巨大的、卷曲旋转的星云,那一团团夸大了的星光,以及那一轮令人难以置信的橙黄色的明月,大约是画家在幻觉和晕眩中所见。对凡·高来说,画中的图像都充满着象征的含义。而那巨大的、形如火焰的柏树,以及像夜空中飞过的卷龙一样的星云,也许象征着人类的挣扎,以及奋斗的精神。

《星月夜》(荷兰后印象派画家凡·高名作)

在这幅画中,天地间的景象化作了浓厚、有力的颜料浆,顺着画笔跳动的轨迹涌起阵阵旋涡。整个画面,似乎被一股汹涌、动荡的激流所吞噬。风景在发狂,山在骚动,月亮、星云在旋转,而那翻卷缭绕、直上云端的柏树,看起来像一团巨大的黑色火舌,反映出画家躁动不安的情感和狂迷的幻觉世界。

印象派:只顾印象,不关注具体笔法。采取在户外阳光下直接描绘景物,追求以思维来揣摩光与色的变化,并将瞬间的光感依据自己脑海中的处理附之于画布之上,通过光线和色彩的运用,达到色彩和光感美的极致。

讨论:比较印象派画作与其他流派作品在色彩运用上有何不同。

第七章

CHAPETER 7

彩泥堆塑

第一节 彩泥堆塑简介

彩泥堆塑是以彩色黏土为主要材料，在复合板、花雕酒坛等基面上，用堆塑技艺表现中国画的一种艺术形式。这种技艺融堆塑、绘画、浮雕和泥塑为一体，其成本低廉，操作简便。其作品有色彩丰富、构图自由、层次清晰、立体感强等特点。彩泥堆塑经固化定型、题字装裱，可作为艺术装饰画悬挂于办公室、走廊、客厅、卧室等，也可永久保存，具有较高的收藏价值。学习彩泥堆塑，可提高学生的思维能力、造型能力、动手能力、审美能力等。这项技艺适合热爱艺术并有一定动手能力的学生。

把彩泥堆塑技术应用于花雕酒坛，即可制作黄酒花雕作品。下图为彩泥堆塑作品《秋色秋声》。

《秋色秋声》(彩泥堆塑)

1. **作品欣赏**：观察上图，谈谈你对作品构图、色彩的理解。
2. **课外延伸**：除彩泥堆塑外，还有灰塑、泥塑、面塑、米塑等民间手工艺。课外通过网络查阅这些工艺的基本情况。

第二节 彩泥的特性

彩泥具有以下特性。

洁净:水溶性纸浆泥制作,无油腻感,无毒无味,安全健康,环保洁净。

手感:质感细腻、光滑,柔软不粘手,触感特别好。

色彩:色彩艳丽、纯正,并且可以像水彩那样随意调色,把不同颜色按比例混合在一起捏揉就可以调出无数种颜色,混合自然,无痕迹(也可以稍加混合,调出富有特色的肌理效果)。

造型:弹性好,可塑性强,易造型,易黏结,不掉渣。不同色彩、不同干湿度的超轻黏土,搭到一起就可以粘牢,使用过程中不用任何模具。超轻黏土还可以与丝线、塑料等不同材质结合,制作出各种风格的作品。

重量:超轻黏土,特别轻,只有相同体积橡皮泥的1/4重,制作成大型作品也很轻便,便于携带。

重复使用:如对作品不满意,可修改调整,彩泥可重复使用。

各色彩泥

实操:打开一包彩泥,用手捏、搓、拉,注意手感,把握彩泥特性。

第三节 彩泥的配色

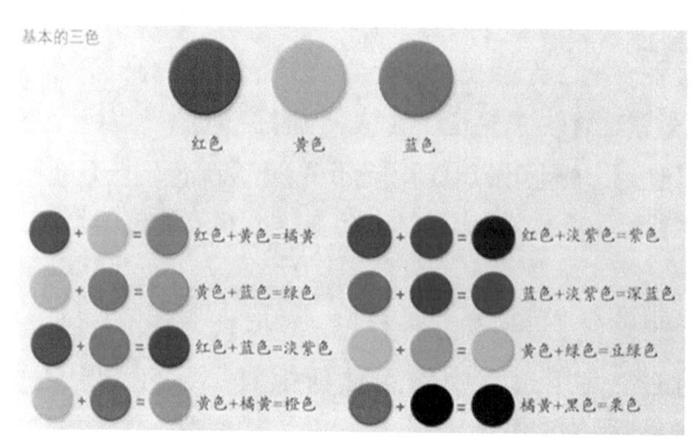

彩泥的配色

配色的时候要使其中一种是鲜亮色，这样可以保证自己调出的黏土颜色亮丽；反之，如果两种都属于暗色，配起来的颜色也会灰暗。

配色的时候，亮色需要量远大于暗色。比如，搭一个浅粉色出来，需要95%的白色和5%的红色，两者并不是等量的，特别是白色，需要量往往是其他颜色的3—5倍。

购买彩泥时，红、黄、蓝、紫、棕、白、黑、肉色适当多些，因为这几种颜色不易通过其他颜色调出来，而其他颜色，比如橙、绿、粉、浅蓝、灰，可以轻易地从之前的颜色里调出。

配色时，是否将不同颜色的彩泥完全均匀混合，要视情况而定。有时几种颜色斑斓相间，会起到独特的艺术效果。

实操：1. 把不同颜色的彩泥按不同比例混合，反复揉捏，观察颜色变化。

2. 试着用彩泥制作一些简单的物品，比如笔筒、茶杯、花瓶等。

第四节　堆塑的常用工具

擀面杖：用来把黏土擀成大薄片，做树叶、荷叶等大面积的部件时都用得上。最好是用黏土专用的，不会黏泥。

切割用垫板：各种需要裁切的手工都需要，大小就看自己需要。

黏结剂：黏土用502胶水比较好，10秒就粘牢固，不过很粘手，一定要小心。乳胶也可以，但是不易干。

造型工具套装：一般是几件套的木制或塑料工具，两头有各种形状的突起，代替手指给黏土造型，一般买个基础的8件套就完全足够了，不用把各种形状的工具全买下来。如果经常做各种精细的造型，可以根据实际需要自己制作。

连接用品：牙签、铝线或铜丝，一般用来连接两次制作的大点的部件或骨架结构，固定动作。

其他：尖头小剪刀、美工刀、尺子、针、镊子等。

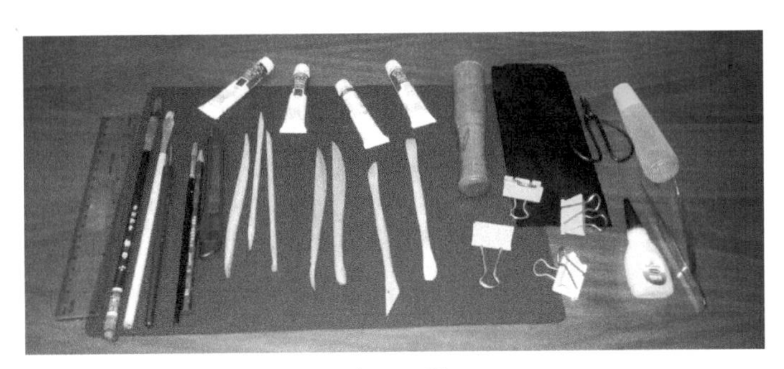

常用工具

实操：利用上面的工具随意制作一个自己喜欢的小玩意。

画架：把基板架在画架上，既可固定基板，又可防止长时间操作引起颈部不适，还有利于准确判断画面位置、比例。

画　架

三合板:作为堆塑基板,事先根据画面大小裁成适当大小。

复写纸:用于把设计画稿复写到基板上。

油画颜料、调色盘及画笔:必要时描摹以丰富色彩。

表面上光剂:清漆、光油或是透明指甲油都可以,在黏土作品需要表面光滑的地方涂就行,大面积的需要用喷的,这也可以防灰尘。需要亚光效果的,一般用消光剂。

沥粉及沥粉笔:题写落款。

印章印泥:最好用橡皮的边缘在三合板上盖章。

特殊材料:根据需要灵活配用(比如珍珠、丝线、昆虫标本、小树枝、动物毛发,以及购买彩泥时赠送的各种小部件等)。

趣味活动:文人喜欢给自己取个雅号,比如白居易自称“六一居士”,用于书画等上面的落款。你也给自己取一个吧,相互说说有什么含义。

第五节 堆塑的基本操作

圆球形:将黏土放置于手心,用手心反复揉搓,成圆球形。操作时,应该前期用力较大,越往后力道越小,这样制作出来的圆球主要是没有裂纹,以免干后裂纹影响作品美观。这一点很关键,因为不管捏什么形体,都是先从一个圆球开始的。后面说的长条、方形、水滴形等都是从先捏一个圆形开始的。

水滴形:先将超轻黏土揉搓成圆球形,再放置于手心,两个手掌相对,打开呈“V”字形,圆球夹在手掌之间,闭合一边用力反复揉。可以调整手掌打开的角度,可以揉搓出不同小水滴形状。如果是小水滴形状,可以用两个指头完成。

橄榄形(梭形):用制作出水滴形方法,将另外一头照此方法再制作一遍,就可以得到两头尖、中间粗的橄榄形。

正方体:先将超轻黏土揉搓成圆球形,再用食指和大拇指捏平圆球的四周,就可以得到正方体。要不断地重复动作,修整六个面,使其各个面大小相等,并相互垂直。

基本操作(一)

实操:用彩泥制作上图的基本形状,反复练习。

圆柱形:先将超轻黏土揉成圆球形,双手合在一起,用手心将圆球反复揉搓,再用食指和大拇指按平两端。

细长条形:先将超轻黏土揉搓成圆球,再将其放在平整桌面上,手掌压在圆球上反复揉搓,使圆球逐渐成圆条状。揉搓时,一定要注意用力均匀,制作时尽量不要用手指,因为手指很容易使黏土变得粗细不一、凹凸不平,因此最好用手掌进行揉搓。

片形:先将超轻黏土揉搓成圆球,再将其放在平整桌面上,用手掌均匀用力将其压扁,反复修平整。再用工具裁剪出自己需要的形状。较大的可以用擀面杖,小的可以用手指完成。

叶形:先做成片形,再根据叶片形状修正,压出叶脉。

实际应用中彩泥的形状和式样千变万化,但都可以根据基本形状灵活变化。只要多加练习,仔细体会,就会熟能生巧,做出各种需要的创作组件。

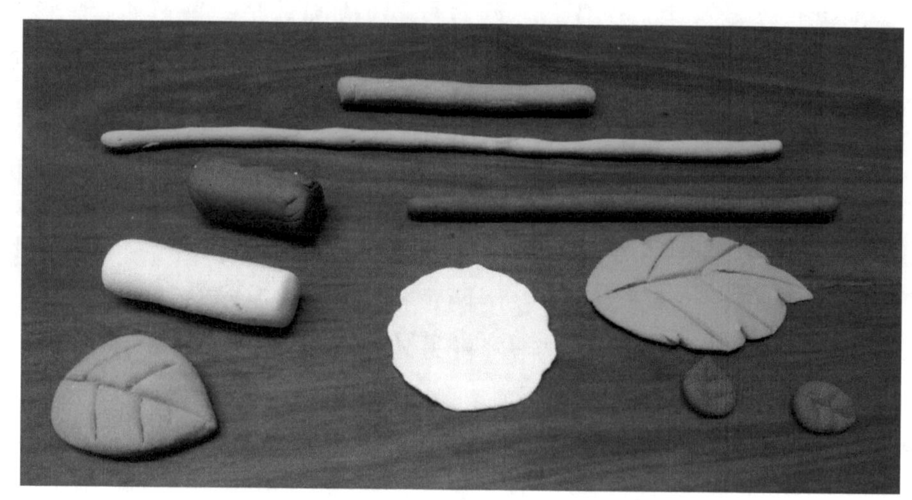

基本操作(二)

实操:用彩泥制作上图中的基本形状,反复练习。

第六节　简单作品的创作

机器猫作品操作步骤：

①头部：取蓝色超轻黏土团圆球，将支撑物（可用已经发硬废弃的黏土）压进球内，并慢慢地包裹支撑物，并迅速反复揉搓至光滑。

②脸、眼：用白色超轻黏土擀压白片，大小要适宜，黏贴到相应位置。

③胡子、眼球：将黑色超轻黏土搓成细条，成胡子，弯成圆弧状，成眼球。

④嘴巴、鼻子：将红色超轻黏土搓成小红球，成鼻子，做成西瓜瓣，成嘴巴。

⑤用蓝色超轻黏土捏个上图形状做身子，并将它与头部黏连。

⑥用白色超轻黏土做成肚子和双脚，附上蓝色的肚脐。

⑦将红色超轻黏土搓成条，绕在脖子上。

⑧将蓝色超轻黏土圆柱做成胳膊，再粘上白色超轻黏土圆形的手、橙色的道具。

⑨连接金属铃铛，整体修正。

机器猫

实操：反复创作，掌握机器猫身体各部分的比例关系；试着独立制作右图小动物或其他自己喜欢东西。

第七节 初级作品的创作

门口小挂件操作步骤：

①将蓝色黏土揉成长的圆筒状，对折，形成漂亮的心形。

②在“心”的上端插上曲别针。

③将粉红色黏土揉成两个“水滴”，并贴到一起，形成小桃心，用手压扁。

④将白色黏土揉成球状后稍微压一压，形成小狗脸的形状。

⑤将白色黏土揉成小球状后压扁，贴在小狗的嘴边，并在嘴边扎出小凹点。

⑥将黑色黏土揉成三角形、长圆形后，分别作为鼻子、眼睛。

⑦将白色黏土揉成两个长水滴后压扁，作为耳朵，用黑色黏土做斑点。

⑧类似的方法做好两条腿，粘到小狗的后面。

⑨将黄色黏土揉成圆筒状，压成四边形，作为写字板。

⑩将绿色黏土揉成两个细长条状和两个小球。

⑪做一支铅笔并将其粘到写字板上，把写字板贴到“心”上。

⑫把小狗的脸贴到“心”的下端，最后在写字板上贴上文字。

门口小挂件

实操：完成右侧小挂件的创作，自己构思做一些创意作品。

第八节 中级作品的创作

多肉植物作品操作要点：

①不同植物的叶片、形状、厚度不同，注意造型特点。

②同一植物在不同生长期，叶片的色泽、老嫩、大小、位置均不同，注意变化，切忌雷同。

③注意叶片生长的相对位置、花瓣上下错落的位置。

④注意花茎的配色，宜有苍老与生长的痕迹。

⑤注意花茎的曲线造型，较长的应弯曲多姿，切忌僵硬死板。

⑥注意叶、茎的连接要稳固，防止固化过程中下垂变形。

⑦注意花盆自然形态，忌过分端正，缺少生机。

⑧花盆内可填充已经硬化废弃的彩泥，以节约彩泥；还可用一次性纸杯做骨架，外面包上彩泥，效果也不错。

⑨注意整体效果，四周上下多角度观察，适当修正。

多肉植物

实操：反复练习多肉植物叶子的造型，创作一盆自己满意的多肉植物。

第九节　高级作品的创作

一、描稿

操作要点：

①选择一块三合板或其他可用于堆塑的基板，裁成适当大小备用（注意三合板的正、反面及纹理走向）。

②根据要表达的内容在纸上设计好画面，然后复写到三合板上（如果绘画功夫到位，也可以直接在基板上描稿）。

③复写时注意稿纸与板面保持稳定，最好用夹子在四周把纸和板一起夹住，以免稿子移位。

④描稿时可用已经不再出墨水的圆珠笔，效果较好。

⑤注意不要把基板弄脏，以免影响作品效果。

⑥描稿时只描画作品轮廓，不必把原作全部细节都表示出来。

⑦描稿时笔走原稿轮廓的内侧，堆塑时彩泥要把轮廓线盖住，这样作品完成后不会留下描稿线条。

描　稿

实操：反复练习描稿，掌握描稿技巧。

二、枝条堆塑

操作要点：

①花卉作品一般先从枝条的堆塑开始，便于后面的花叶附着其上。

②注意枝条的色彩调配，切忌一色到底，显得单调。
③枝条要下粗上细，粗细过渡自然，切勿本末倒置。
④枝条忌过分圆滑，要体现出枝条的节瘤，表面粗糙自然。
⑤枝丫分杈、弯曲要自然，忌直角，忌生硬。
⑥花朵、小鸟处留下空缺，便于后面堆塑。
⑦枝条不宜都在同一平面上，交叉时有时可重叠，有时可互穿。
⑧注意整体协调，色泽、粗细、分杈、走向、疏密自然有度。

枝条的堆塑

实操：1. 反复练习，掌握植物枝条的堆塑技巧。
2. 仔细观察植物枝条的生长状态，注意它们的色泽、节瘤、分杈、粗细、疏密等，做到胸有成竹。

三、花叶堆塑

操作要点：
①注意枝条上已经增加了很多小节点，更显自然丰满。
②叶子堆塑先从最上面的那片开始，逐步往下，逐层相叠。
③注意叶子的色彩调配，忌一色到底，没有变化。
④叶子要刻出叶脉来，不同的叶子叶脉的形状是不一样的。
⑤叶子左、中、右布置合理，忌完全对称，缺乏自然生机。
⑥注意花朵不同方向花瓣造型，忌片面化。
⑦花的堆塑先从外面的花瓣开始，逐步往花的中心进行。
⑧注意花瓣的颜色调配，内外色泽不同，不同花朵的色泽也不同，显得生长时间有前后；花蕾与花瓣颜色也不相同，一般花蕾更深一些。
⑨花蕊一般用黄色，要做得精细；必要时可用颜料描绘。

花和叶的堆塑

实操：反复练习，掌握花叶的堆塑技巧。

四、小鸟堆塑

操作要点：

①注意小鸟的造型，忌平面化，一般身体和头部较丰满，其他地方稍低。

②小鸟头部昂向上方，似与群花若有所语。

③注意小鸟各部分的色泽调配，斑斓变化，自然有趣。

④小鸟的眼睛可以用购买黏土时送来的小配件，也可以自己塑造，但一定要精细，绘画功底好的同学还可用油画颜料画出来。

⑤小鸟的爪子一定要做得精细，忌粗笨累赘。

⑥颈部、尾部的羽毛，必要时可以用油画颜料适当描绘，更显细腻。

⑦注意整体效果，要灵动活泼，忌笨重无神。

⑧最后题字、落款、盖章，必要时用清漆上光。

小鸟的堆塑

实操：反复练习，掌握小鸟的堆塑技巧。

第十节　创作彩泥作品

彩泥作品《蝶恋花》

彩泥作品《二乔吐艳》

作品完成后不需烘烤，自然风干。这样干燥后不会出现裂纹，不会褪色，长期保存不会变质。

作品干燥速度取决于作品的大小作品越小，干燥速度越快，越大则越慢。一般表面干燥的时间为3小时左右。

彩泥可与其他材质的材料高度结合，不管是与纸张、玻璃、金属，还是与蕾丝、珠片黏合，密合度都极佳。干燥定型以后，可用水彩、油彩、亚克力颜料、指甲油等上色，有很高的包容性。

作品完成后，可以进行装裱装潢。装裱时，注意作品有一定的厚度，不要让玻璃压着作品，以免影响效果。

作品一定要挂到干燥的墙上，潮湿的墙面容易使三合板基面发霉。

实操：临摹上述作品，体会植物茎、叶、花的制作技巧。

彩泥作品《陶潜后园》

彩泥作品《和谐共处》

软陶泥、橡皮泥、彩泥(超轻黏土),都可作为堆塑原料,但性质各有不同,应根据具体场合选用。

软陶泥色泽、硬度都好,适宜专业高手制作;但重量大,制作难度高,作品需要加热成型,对于有基板的堆塑很不方便。

橡皮泥可以反复玩,但传统的橡皮泥是油融性的面泥,有刺激性的味道,所以生产过程中会加入大量香味剂加以调节,在使用过程中也会使手上油油的。橡皮泥不易混色,不易拉伸,不易附色,作品干了也不易固化保存,所以创作的感觉不是很强烈。

超轻黏土色彩艳丽,可调色,易黏结,无毒环保,无油腻感,作品可以通过自然风干固化。特别适合对制作花草、瓜果、禽鸟等,不同水平、不同年龄的人员都可以操作。

实操:1. 临摹上图,体会公鸡的制作技巧。

2. 独立制作一幅比较简单的彩泥作品。

用彩泥制作的绍兴花雕酒坛作品

制作的时候注意泥的保湿,不用的泥及时用保鲜膜或者湿布包起来,这样可以保留水分,泥就不会干;要保持手部的清洁,有泥黏在手上时,可以用大块的泥一点点黏住手上的泥;超轻黏土忌水,成形的作品如果沾上水就会变成胶黏状,沾上少许水滴也会留下印记,因此要注意防水。

如果长时间放在空气中,泥会在表面形成一层硬膜。将这层膜揭掉,里面是好的,可以用;外面的这层膜也别扔掉,可以把它团起来,下次做东西的时候当球体中心的填充物;要是你有耐心,可以给它加一点点水(看泥的大小而定),略微揉搓(这时会掉色),用保鲜膜或小盒子给它封起来,泡一段时间后,用力揉捏,可以反复进行这一过程,使泥恢复。

要想让泥长时间保存,可以在每次用过之后加一滴水,揉匀(开始会有点掉色,揉一揉颜色就都在泥上了,不会沾在手上),密封保存。

使用后把泥放在冰箱的冷藏室里,可以把干泥和湿泥放在一起用保鲜膜包好,一起放在冰箱保鲜室,过几天又是湿的了!

实操:创作一幅比较复杂的彩泥作品。

第八章

花雕设计

第一节　盖面设计

花雕酒坛的盖面呈圆形，一般都设计成圆形的适合纹样。

图案内容可以是中国传统吉祥图案，也可以是花卉、商标、文字、几何图形等等。

盖面不是花雕酒坛的主体，设计时注意图案不宜太复杂，色彩不宜过多，以免喧宾夺主。

图案大小要适宜，注意盖面四周要留有一定空白，与绘画中留出天地左右相似。

批量生产时，有些企业用印制好的圆形纸质卡片代替，待其他工序全部完成时贴上即可。

各式盖面

实操：设计一个圆形图案，同学间相互讨论评价。

第二节　盖周设计

花雕盖周呈环形,图案设计一般也呈长方形;

盖周一般设计成文字,用边框框住,文字多为“绍兴花雕”“花雕酒”等,也有个性化定制的,比如“喜结良缘”“福如东海”等;另一面则为企业品牌,如“古越龙山”“会稽山”“塔牌”等;字体以隶书为多,也有用篆书或楷书的。

有些陶坛质地细腻,黄酒灌装后坛盖可以与坛体相互分离。制作花雕时不必经过灰坛工序,因此坛盖可以进行单独制作,待完成后与坛体黏合就可以了。

花雕盖周

实操:试着给自己制作的花雕酒取个有个性化的品牌名字。

第三节　坛腰设计

坛腰是指坛盖下缘与坛体相连接的部位，呈圆环形。

坛腰一般设计成“二方连续”图案，亦称“带状图案”。设计时要仔细推敲单位纹样中形象的穿插、大小错落、简繁对比、色彩呼应及连接点处的再加工。

二方连续的骨法有直线式、散点式、波线式、折线式、几何连缀式等。直线式单位纹样的各种折线边角明显，刚劲有力，跳动活泼；散点式单位纹样以散点的形式分布开来，之间没有明显的连接物或连接线，简洁明快，但易显呆板生硬。波线式单位纹样之间以波浪状曲线起伏做连接和过渡；折线式单位纹样具有明显的向前推进的运动效果，连绵不断；几何连缀式单位纹样之间以圆形、菱形、多边形等几何形相交接的形式做连接（图示见下页）。以上方式相互配用，巧妙结合，取长补短，可产生风格多样、变化丰富的二方连续纹样。

坛腰花纹

实操：独立设计一个二方连续图案，同学间相互交流，比较优劣。

附：二方连续的骨式

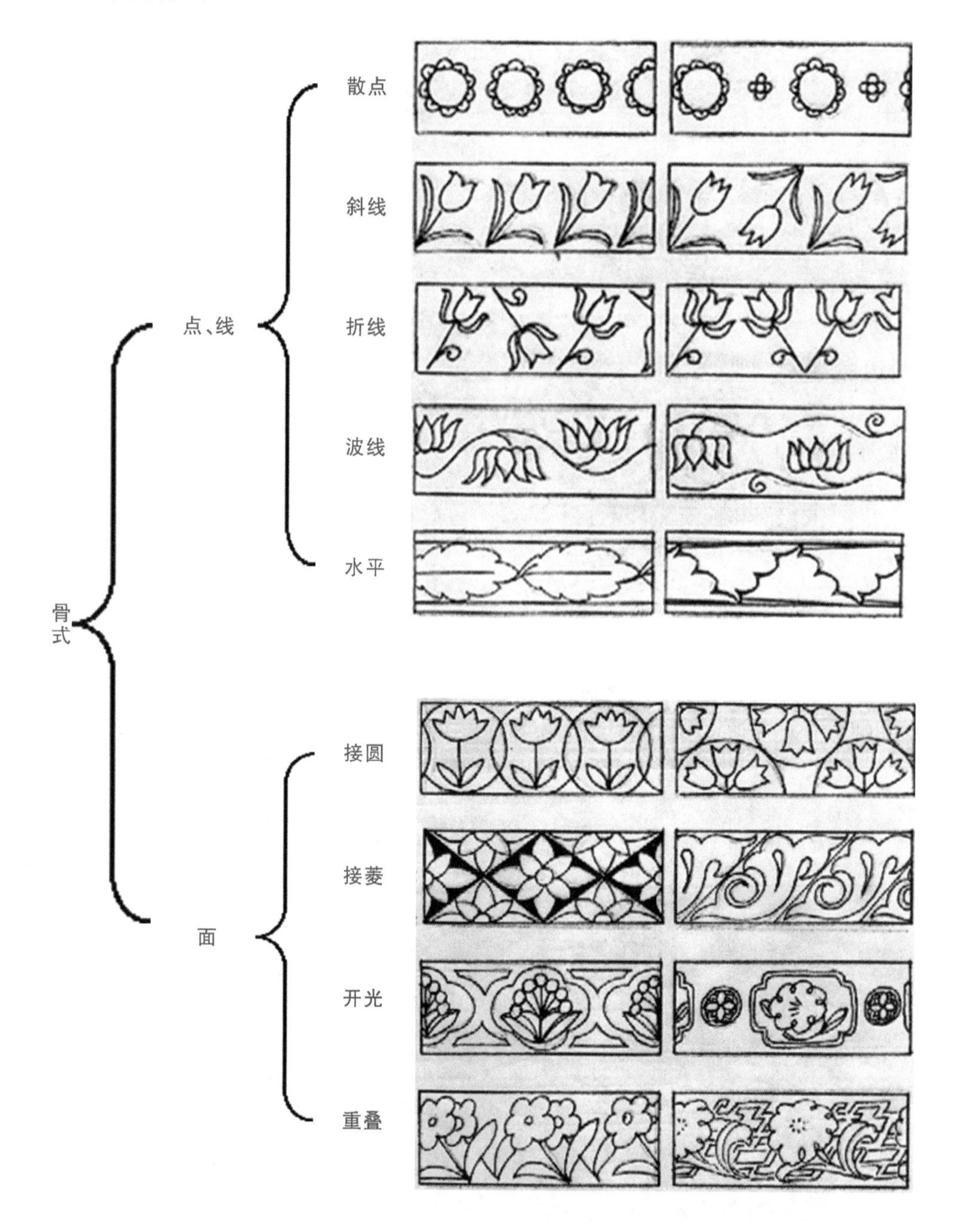

识别：观察周围的二方连续图案，识别它们的骨式。

第四节　坛面设计

一、福禄寿禧，体现吉祥如意

福——福如东海。民间常以蝙蝠作为福的象征，取其谐音“遍福”“遍富”，吉祥图案中常有五只蝙蝠，寓意“五福临门”，五福指寿、富、康宁、攸好德、考终命。

禄——官运亨通。常以梅花鹿谐音“禄”，图案有“鲤鱼跳龙门”“连升三级”“五子登科”等。

寿——寿比南山。常以桃子、仙鹤、松柏等表示长寿，图案有“麻姑献寿”“八仙过海”“鹤寿千年”等。

禧——喜气洋洋。常以喜鹊的谐音表示“禧”，图案有“喜上眉梢”“双喜临门”“双喜登梅”等。

吉祥图案的花雕

课外延伸：课外了解我国的吉祥图案还有哪些，自己建立起资源库备用。

二、书法名画，体现文化内涵

《兰亭序》中作者记叙了兰亭周围山水之美和聚会的欢乐之情，抒发了好景不长、生死无常的感慨，文章言简义丰，感情真挚，笔法细腻，结构严谨，具有较高的文学价值和史料价值。

《兰亭序》章法、结构、笔法都很完美，是王羲之三十三岁时的得意之作。后人评道："右军字体，古法一变。其雄秀之气，出于天然，故古今以为师法。"因此，历代书法家都推《兰亭序》为"天下第一行书"。

《兰亭序》真迹据说已被放入酷爱王羲之书法的唐太宗的陵墓。目前存世唐摹墨迹以"神龙本"为最著名。此本摹写精细，笔法、墨气、行款、神韵都得以体现，被公认为是最好的摹本。

《兰亭序》表现了王羲之书法艺术的最高境界。作者的气度、精神、襟怀、情愫，在这件作品中得到了充分体现。古人称王羲之的行草如"清风出袖，明月入怀"，这堪称绝妙的比喻。

兰亭序花雕

课外延伸：课外欣赏一些古今书画名作，说说它们的艺术特色。

三、人物典故，体现历史韵味

东晋有一个风俗，在每年农历的三月三日，人们必须去河边玩一玩，以消除不祥，这叫作"修禊"。东晋永和九年(353)的三月初三，时任会稽内史、右军将军的王羲之邀谢安、孙绰等四十一位文人雅士聚于会稽山阴的兰亭修禊，曲水流觞，饮酒作诗。曲水流觞，也称为曲水宴，被邀人士列坐溪边，由书僮将盛满酒的羽觞放入溪水中，羽觞随风而动停在谁的位置，此人就得赋诗一首；倘若作不出来，可就要被罚酒三觥。众人正沉醉在酒香诗美的回味中时，有人提议不如将当日所作的三十七首诗，汇编成集，这便是《兰亭集》。这时众家又推王羲之写一篇序文。王羲之酒意正浓，提笔在蚕纸上畅意挥毫，一气呵成，这就是名噪天下的《兰亭集序》。

曲水流觞

课外延伸：还有哪些与王羲之相关的脍炙人口的故事？如何用图案表现这些故事？

三、创新定制，体现个性特色

下图是绍兴市中等专业学校2016届黄酒酿造专业学生为感恩母校而定制的花雕酒坛，正面是他们的毕业照，背面是全体学生的签名。

酒坛正面

酒坛背面

个性化的作品形式多种多样，照片、文字、商标、祝福语、诗词等都可用适当的形式表现出来。

花雕的创作一直在创新中发展。晚清时期，绍兴籍著名画家任伯年父子，以《水浒传》中的“武松打虎”为题材，以连环故事描绘，这大大开拓了花雕酒的应用范围。绍兴鹁行街的黄阿源，他创作的四坛《精忠岳传图》用沥粉装饰，贴金勾勒，体现了深刻的历史韵味。其他如《三国演义》《封神演义》《水浒传》《西游记》中的人物，以及佛教人物、历史人物、仕女等，都可作为设计素材。

现代元素比如维尼熊、喜羊羊等，应用到花雕创作中，也别有风味。

设计：你有什么个性化的创作思路，试着按构思进行创作。

第五节　设计作品欣赏

盖面设计图案

盖面设计图案

腰线设计图案

脚线设计图案

坛面设计图案

第九章

CHAPETER 9

花雕制作

第一节　花雕制作工具

灰坛沥粉：调色板、调料铲刀、橡皮块、砂轮、铁砂纸、刷帚、洗帚、盛水桶、面盆、拌料棒、瓷碗、沥粉棒、沥粉铜管子、薄膜袋、过滤铜网、放样蜡纸、纱布等。

油泥堆塑：铁镬、油勺、油桶、挽斗、漏斗、石臼、铁锤、小畚斗、竹筛、铜筛、擀面杖、坛架座、自制牛角笔、木笔、竹签、骨签、剪刀等。

彩绘装饰：油画笔、毛笔、狼毫描笔、小漆帚、铅笔、墨汁、调色盘、三角尺、直尺、几何尺、纸板、棉布、纸盒、纸箱、包装带、包装机等。

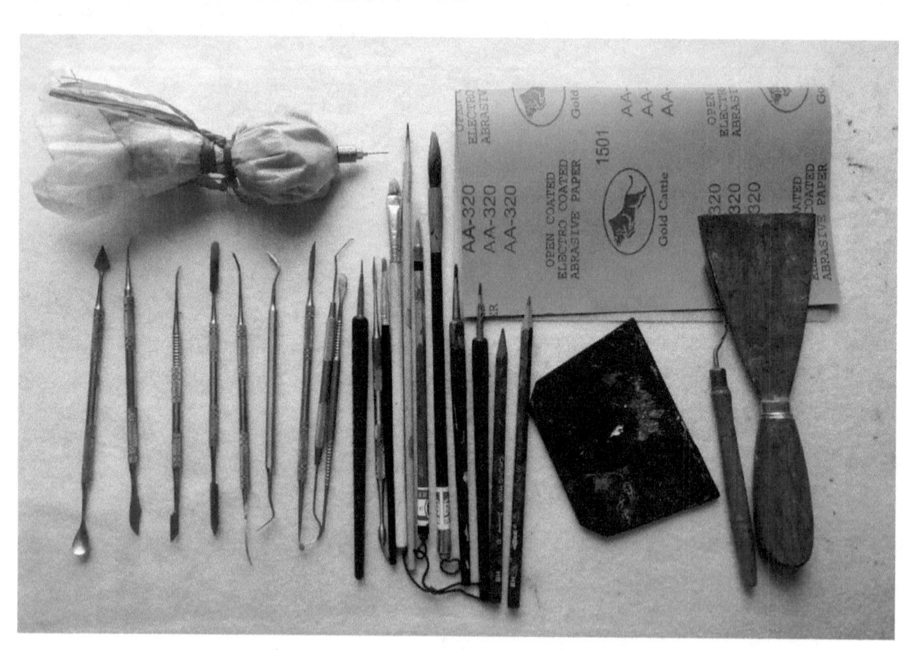

主要制作工具

1. **现场认知**：认识上述花雕的制作工具，初步了解它们的作用。特别注意砂纸有各种型号，仔细分辨它们的区别。
2. **试一试**：简易的雕塑工具可以自己制作，请在老师的指导下用细木条或竹签制作一套。

第二节 花雕制作材料

一、桐油

桐油是桐树果实经机械压榨、加工提炼制成的工业用植物油。桐油又分为生桐油和熟桐油两种。生桐油用于医药和化工，熟桐油由生桐油加工而成。在选购生桐油时，油色橙黄、清亮、无杂色为优质桐油。将生桐油用火煎熬到油温360℃左右，即及时熄火冷却制成坯油，用于调制雕塑油泥。坯油的煎熬是花雕工艺制作中的关键一环，花雕技师经常用手蘸油，油呈透明丝状，说明坯油黏稠度好，油泥韧性和可塑性好，但这需要长期的经验积累方能准确把握。

桐 油

实操：观察感知生桐油的色泽、黏度、气味等物理性质。反复煎制生桐油，观察桐油煎制过程中的状态变化。注意把握火候、温度、时间等因素。

二、瓷土粉

瓷土粉是油泥堆塑中的主要原材料之一，是高岭土中的一种矿石粉质。高岭土是一种非金属矿产，是以高岭石族黏土矿物为主的黏土和黏土岩，因盛产于江西省景德镇高岭村而得名。

高岭土都需要进行技术加工处理，能否加工到工艺所要求的细度，已成为评价矿石质量的标准之一，不同用途的高岭土都有具体的粒度和细度要求。

高岭土与水或油结合形成的泥料，在外力作用下能够变形，外力除去后仍能保持这种形变的性质称为可塑性。可塑性是高岭土在陶瓷坯体中成型工艺的基础，也是主要的工艺技术指标。

瓷土粉

感知与体验：认识瓷土粉的性状，感受它与水糅合时的黏度、可塑性，简单制作一些可爱的小动物。

三、油画颜料与色漆

油画颜料是一种油画专用绘画颜料，由颜料粉加油和胶搅拌研磨而成，是花雕彩绘着色时的主要原料。艺人通过自己的思想和感受调配出符合题材的颜色，是彩绘着色中的一项专门绝技。

油画颜料常用色有钛白、柠檬黄、土黄、朱红、大红、赭石、熟褐、粉绿、翠绿、群青、钴蓝、煤黑、橘铬黄、淡黄、深红、紫罗兰、草绿、普蓝等；十五种色种以上的一组颜色就可叫作“充裕”了，过多的色种并不见得能画出好的色彩，对初学者来说反而会使色彩变得复杂混乱。

色漆为黏稠油性颜料，能牢固覆盖在物体表面。艺人根据花雕酒坛题材和内容的色调去自行调配、使用色漆，也是一项独门绝技。

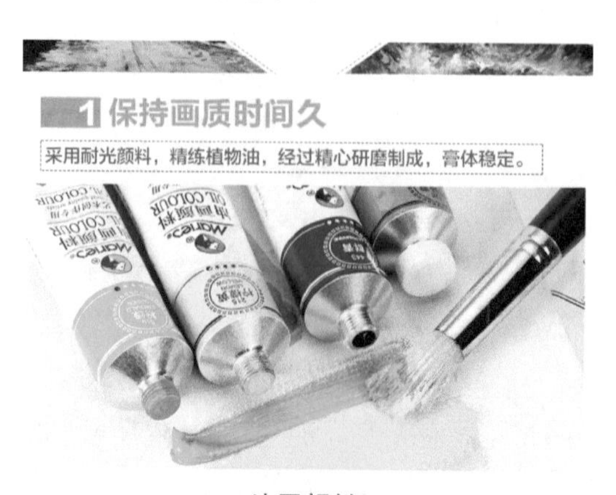

油画颜料

讨论：很多中职学校实施了7S管理，想想为什么要进行7S管理，写出7S管理的具体内容及英文词语。

四、其他辅料

双飞粉：俗称老粉，属矿石粉，具细软黏性、永固性，是沥粉、灰坛的主要原材料之一。

双飞粉

石膏粉：是填充原料，遇水坚硬，属矿石粉，具有永固性，是灰坛原料的辅助原料。

铝粉：又称立德粉，是一种遮盖力较强的矿石粉，具有永固性，是沥粉工艺中的辅助原料。

骨胶：以呈黄色、清亮晶莹的为优。其胶汁黏性好、附着力强，干燥坚硬度足，是自制沥粉工艺中的主要原料。

松香水、调色油：是彩绘着色、沥粉漆艺中的调和、洗涤、溶解、漆色的辅助材料。

铜金粉：主要作为沥粉图案的勾金装饰。俗话说："金乃色之王"，金粉的装饰使绍兴花雕更具华夏民族文化的特色。

现场感知：现场认知花雕工艺各种材料的性质。

第三节　花雕制作过程

一、选　坛

选坛就是选择大小适合、坛形端正、表面光洁、品相良好的酒坛子。作为花雕的载体，坛子好坏格外重要。在正式制作花雕前，酒坛都要经过筛选，相当于“体检”。

选坛时要特别注意无渗漏现象，漏坛绝不可以制作花雕。泥头（或石膏头）不能有松动现象。

有些酒坛是用紫砂烧制而成的，坛形端正，表面光滑，质量都比较高，只要确保无渗漏就可使用，也不必经过后期的灰坛工序。

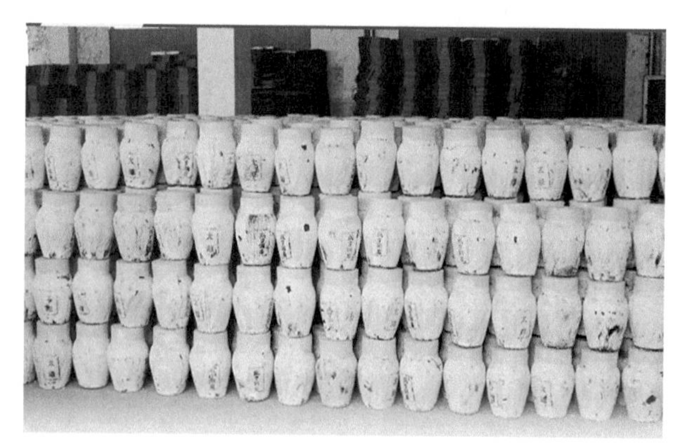

选　坛

操作要点：酒坛应是正品；表面光洁，没有瑕疵；形体要端正，坛围对称；敲击声浑厚；无渗漏现象。

实操：观察不同酒坛的品相，分析优劣，找出它们的疵点。

二、打　磨

打磨就是用铲刀和各档砂纸把酒坛上的粗糙颗粒铲除、磨平，使酒坛光洁平滑。

打磨的顺序是先用铲刀铲除粒状杂物，再用粗砂打磨，特别注意石膏头应初步打磨到外形周正。

紫砂坛打磨时砂纸由粗到细逐步进行。陶坛不必过分打磨，因后面还有灰坛工序。

打　磨

打磨时注意戴好口罩,防止粉尘吸入体内(下同)。

操作要点:砂纸选用要合适,要先粗后细,打磨时用力均匀;酒坛要扶稳,工作台上要垫有软胶布;不要将酒坛倒置;工作时戴好口罩;批量生产时用砂轮打磨;打磨后用温水或湿布将酒坛擦洗干净。

实操:对后期要制作的酒坛进行打磨。

三、灰坛上漆

将酒坛的毛坯打磨好之后,用纱布封牢坛盖(纱布封前先用水打湿,这样很容易封在坛口上)。

用灰料(用胶水配上石膏老粉拌和而成)对整个坛子进行粉刷。粉刷一次,等24小时,干透了之后再打磨、粉刷,直至酒坛表面圆滑光洁。这个过程,称为"灰坛"。第一次叫"头操",第二、三次分别叫"二操""三操",一般灰坛要进行"三操"。

灰料配置要浓稠适宜,究竟如何为宜,这需要经验积累。

灰坛完成后用白漆刷一至两道,称为底漆。

封纱布

灰　坛

操作要点：不要用力过猛，防止酒坛失手翻倒；酒坛不要过于倾斜；注意坛盖上方圆周一定要中正无缺陷；打磨时要点同上，不过灰坛后的打磨飞尘更多，一定要做好防护工作；各操之间一定要干透。

实操：练习灰坛，积累经验，相互交流灰坛要领。

四、图案设计

图案设计先在纸张上进行，设计原则根据前章叙述要求，纸张大小要和酒坛的大小相应，以便下一步复写到坛面上。

设计稿先画成只有轮廓的黑白稿，完成后可以多复印几份，以便进行色彩调配和修改。

设计也可在电脑图形软件上进行，素材引入、修改调整、色泽处理都比较方便，设计完成后打印一份即可使用。

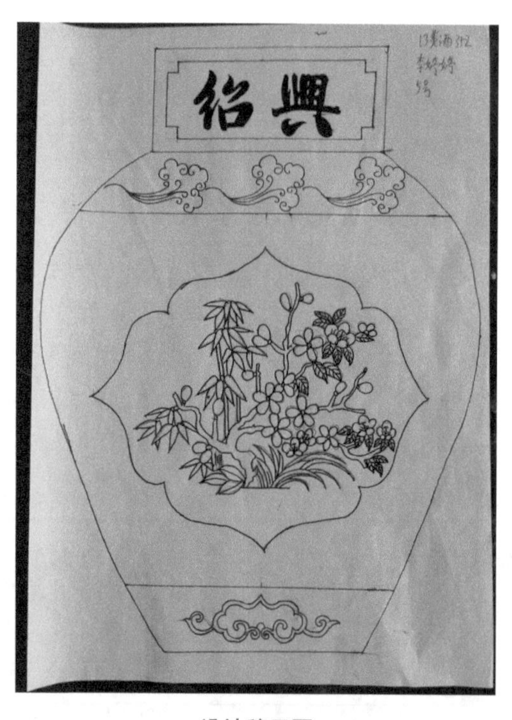

设计稿正面

设计稿背面

操作要点：酒坛外轮廓、主画面外框可以用纸板做好模型，方便快捷；设计稿不必过分细腻，要考虑到是否可以通过堆塑来表现；注意腰线、脚线、主画面之间的比例关系。

实操：练习设计黑白稿，定稿后复印几份，进行上色处理。

五、打样

用复写纸把设计好的黑白稿复写到酒坛上，注意上下位置；批量生产时，一般先把画稿刻到蜡纸上，然后油印上去。

由于酒坛是个曲面，复写时腰线、脚线、主画面一般分开进行，保持相对位置与设计稿相同。

熟练的技师也可直接在酒坛上设计打样。先从酒坛中间画上一分为二的中间线，使酒坛对称。定好酒坛主画面、腰线、底线位置，注意主画面正面、背面要相对，不要偏于一边。

对称图形一定要仔细描绘，必要时可借助画图工具；典型腰线、脚线可制成模板，便于批量生产时复制。

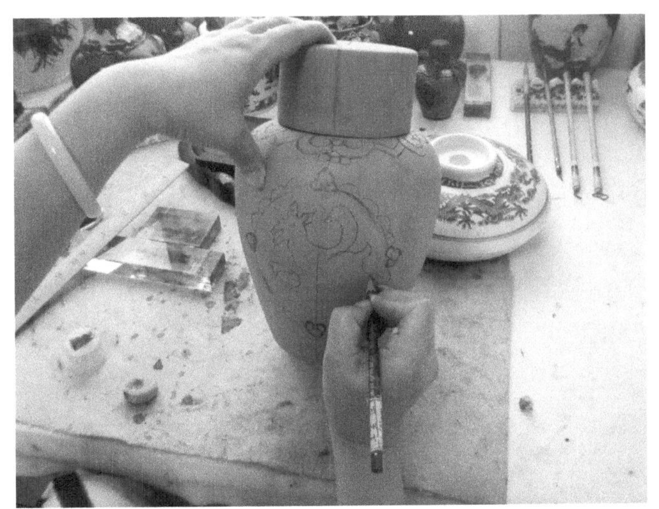

打 样

操作要点：图案要简洁明快，不用过于细腻，太细腻的图形不易用堆塑表现；中间线要画正，腰线、底线位置要合适，主画面上下适中；初学者不适合直接打样。

实操：练习打样，相互交流打样技巧。

六、沥粉

沥粉是以骨胶熬成汁液，配上一定分量的双飞粉（俗称“老粉”），经过人工的调配制成粉浆式的沥粉材料，装入自制的三角形的上口大、下口小的铜管子内，用右手把握后面的沥粉袋子，按照需要的图案纹样进行沥粉。其粉浆式的线条优美地挺立显示在画面上，使画面图案具有浮雕的艺术风格，别具风采。

沥　粉

沥粉也可用于题写落款。彩泥堆塑中经常用它题写作品主题、作者名号、日期等落款内容。

操作要点：沥粉材料要调制得当，温度合适；沥粉时用力均匀，平稳流畅；要特别注意“点、线、面”，“点”要疏密有致，大小均衡；“线”要精细流畅，粗细均匀，曲直相应；“面”要繁简相衬，层次丰富。整体配合要注意有主有次，切忌等量平列。同时要体现民族传统文化的特征和民间人情味的特色。

实操：反复训练沥粉工艺，直到能熟练操作。

七、上色

上色就是在坛上刷漆，有时也安排在精雕之后，以大红居多。

上色有时也可置于打样之前，即先刷上一层底漆，然后进行打样、沥粉等工序，随后进行上色的二操、三操。操作前检查一下有无油漆结节；如有，要用砂纸磨光。

上色要等到沥粉充分干透后才能操作，一般先高后低，从上到下，从大块到小块逐步进行。

油漆气味较重，注意上色要在通风处进行，操作时要戴好口罩。

油漆用后要盖紧，防止溶剂挥发。如油漆太黏稠，不易刷开刷匀，可以加适量松香水稀释。

上　色

操作要点：握笔用侧锋，从同一方向用力均匀，尽量避免在原位置来回刷，坛面无油漆结节，不能流淌，速度要快。有时还要进行二操、三操，各次间要充分晾干。

实操：反复练习上色，掌握上色技巧。

八、堆塑

堆塑属典型的民间美术，最早应用在造舟修船中，后逐渐应用于庙宇和祠堂的建筑、工艺花雕中。艺人们先将生桐油煎熬，待其冷却，加瓷土粉拌和成可塑性较强的油泥，然后根据图案题材的需要制作雕塑内容。这个过程称为堆塑。

油泥的制作是花雕师们的绝技，一般都通过师徒口口相传，并且要反复实践摸索才能掌握技巧。

堆塑类似于前面的彩泥堆塑，也要反复实践才能掌握要领。高超的技师甚至不要描稿打样就能进行创作。

堆　塑

操作要点：掌握油泥堆塑的工艺，要注意主题鲜明，立体感强；以手工搡、捏、搓、堆、贴、抹、按、捺、勾、刻、划、雕、压、画、塑、抚、理等不同方法反复训练，提高图案造型能力；并在图案构成、构图方面能更深入领会，提高设计、创意水平。

实操：反复进行堆塑训练，逐步掌握堆塑技巧。

九、精雕

精雕就是把堆塑后的作品进行精雕细琢，以达到创作要求。

批量生产时，主要图案的堆塑是通过制作模板，再进行翻模实现的。翻模时有些会缺失细节，精雕时要把它补充完整。

精雕重点关注细节，要一丝不苟，使人物造型、花草树枝惟妙惟肖，生动活泼。

精雕时可加上油泥外的辅助物品，比如珍珠、毛发、丝线等，使画面更有趣味。同时可能会用到多种雕塑工具，以达到要表现的效果。

精　雕

操作要点：精雕是花雕图案的最后定型阶段，操作者要对图案有充分的理解，严谨细心，一丝不苟。手法要稳，防止手指、手掌磕碰作品。要经过反复实践才能掌握这门技术，使作品栩栩如生。

实操：把堆塑后的作品进行精细化加工，关注细节。

十、彩绘

绍兴花雕酒坛上应用的彩绘装饰，是民间漆艺与民间美术相结合的一种色彩艺术。它继承了我国古代壁画中的工笔重彩技法，以金、黑、红为主要装潢色调，体现古越传统文化鲜明的典雅特色,使花雕酒坛外观色彩既尊贵高雅,又古色古香。

彩绘必须等油泥干燥后方可进行。

花雕彩绘多以油漆着色,以油画颜料辅助,油漆、油画颜色上色方便,色泽明艳。

彩绘的颜色调配要合理,既要丰富多彩,又不能显得杂乱无章,需通过长期实践才能把握。

彩 绘

操作要点:掌握彩绘,首先要理解色彩构成的基本原理,掌握红、黄、蓝等主要色调在民间代表的寓意,并巧妙配合,使之浓淡相宜。

实操:练习掌握彩绘技巧。

十一、勾金

将调制好的金粉漆,用描笔在沥粉线条和图案所需位置勾金粉,主要应用在沥粉图案上的勾金装饰,称为“勾金”

俗语说:“金乃色之王。”与任何颜色相配,金色都能起到协调和点睛的作用。因此,金粉的装饰使绍兴花雕民间美术更具有华夏民族文化的特色。

勾金要在彩绘颜料基本干燥后方可进行。

油漆、清漆、颜料、金粉漆用毕要及时盖好盖子。

勾　金

操作要点：生粉漆调配时，要掌握好它的稀薄度，不能太干，不能太稀，用小楷笔在突出的沥粉线条上勾勒，厚度要适中，不能断断续续，线条要保持工整、流畅、美观。

实操：1. 练习掌握勾金技巧。

2. 把花雕制作的全过程连贯起来，反复训练，注意操作时根据摆放、原料取用、手法技法等工作习惯。独立创作一坛花雕酒。

第四节 花雕创新

花雕传统工艺中油泥的制作过程十分复杂。制作时,生桐油的人工煎熬技术性很强,一般都凭花雕师的经验判断。加瓷土粉时又要严格控制好油粉比例,使油泥不至于太干而不易堆塑,也不至于太湿而不易成型。油泥制成后要及时使用,否则容易变质、变硬。堆塑后的漆艺和沥粉工艺也是个很强的技术活,实际操作很难把握。

改用彩泥来制作花雕,不但操作简便,成本低廉,而且色彩丰富,构图自由,层次清晰,立体感很强,不需要后期的漆艺和沥粉,工艺过程大大简化,工作效率大大提高。如将这种黏土制作到复合板、塑料板等基面上,通过固化定型,题字装裱,包含酒文化的"花雕酒"还可作为一份很好的艺术作品进行悬挂展示、收藏保存。

用彩泥做的"花雕酒"

实操:试一试用彩泥制作一坛"花雕酒"。

第五节　花雕作品

招财进宝(正面)

八骏图(背面)

天女散花

娶亲图

第六届世界合唱比赛绍兴留念

生肖花雕

龙

凤

曲水流觞(正面)

曲水流觞(背面)

石鼓文一

石鼓文二

石鼓文三

石鼓文四

石鼓文五

石鼓文六

石鼓文七

石鼓文八

石鼓文九

石鼓文十